化学工业出版社
·北京·

本书是介绍从服装设计灵感到成衣制作的整个服装设计过程的书。书中从最初不够成熟的设计构想，思维的发散，对设计局部的推敲，对细节的完善，直至最后达到满意的效果，展示了服装设计的全流程。

本书可为有志于成为服装设计师的初学者以及广大爱好服装设计的人士提供参考，也可供大专院校相关专业师生作为教学用书。

图书在版编目（CIP）数据

从灵感创意到成衣制作：15位服装设计师的经验分享 / 吴训信主编.
—北京：化学工业出版社，2016.9
ISBN 978-7-122-27693-3

Ⅰ.①从… Ⅱ.①吴… Ⅲ.①服装设计 Ⅳ.①TS941.2

中国版本图书馆CIP数据核字（2016）第172293号

责任编辑：徐　娟　　　　封面设计：刘丽华
责任校对：陈　静

出版发行：化学工业出版社（北京市东城区青年湖南街13号　邮政编码100011）
印　　装：北京方嘉彩色印刷有限公司
710 mm × 1000 mm　1/12　印张12　字数250千字　2016年9月北京第1版第1次印刷

购书咨询：010-64518888（传真：010-64519686）　售后服务：010-64518899
网　　址：http://www.cip.com.cn
凡购买本书，如有缺损质量问题，本社销售中心负责调换。

定　　价：58.00元

一件服装的产生是从灵感萌发、到草图设计进而进行成衣制作的环环相扣的复杂过程，这其中既涉及到日积月累的经验与积淀，也涉及刹那间闪现的奇妙灵感，既涉及了多重的设计素养与能力，也涉及了细致耐心的制作考量。授之以鱼不如授之以渔。如何授之以渔？有一点是肯定的，能够示之以渔，引导他人退而结网，在此过程中思索和摸索渔之道是编者最期待的结果。

一般而言，服装设计师呈现给我们的是成衣的样子，无暇去记录整个设计和实现过程。因此，编者萌发了一个想法，就是能够翔实记录和全面呈现多个设计者从不同的视角下进行设计思维和制作过程，从而对后学者起到示例和启发的作用。幸运的是，我得到了许多同事和学生朋友们的大力支持，特别是陈芬芳、李远婷、谢娴、郑美凤、李向丽等同学们在设计与制作过程中进行了辛苦的记录，前后四年的共同努力促成了本书的结集。

成书过程中编者感触颇多。一方面，某种程度上，本书是广州大学纺织服装学院近几年来的部分优秀教学成果的展现，编写过程中我时时为学生们的妙思妙作感到欣慰；另一方面，在整理时笔者还发现了许多同样优秀的作品，但由于个别同学毕业后失去联系，或者提供的作品未能符合记录要求等原因无法收录，令人十分遗憾。

在此过程中，我的同事刘会明、郭卉、冯烽、简丽英、温海英、李文娟、张军雄、魏若纭、罗杰、陈璐、石淑芹、尹红、易田龙佳等老师和众多学生们提供了许多帮助，化学工业出版社的编辑朋友也密切关注此书并提出了很多中肯的意见，对此表示深深的感谢。

编者：吴训信

2016 年 6 月 25 日

目录
Content

黄芬芳

《戏》

黄芬芳，2015 年毕业广州大学纺织服装学院服装设计专业，能熟练操作 PS、CorelDRAW，擅长电脑绘图熟悉印花流程和烫钻工艺。曾荣获第二届“园洲杯”全国休闲服装设计大赛三等奖；第一届“卓多姿”时尚女装设计大赛全国十六强；第一届“零距离”原创设计师大赛最受欢迎作品奖。毕业设计作品入围 2015 年广东大学生时装周总决赛。

设计灵感来源于脸谱。脸谱，是汉族传统戏曲演员脸上的绘画，用于舞台演出时的化妆造型艺术。脸谱对于不同的行当，情况不一。面部妆容简单，略施脂粉，叫“俊扮”“素面”“洁面”。净行与丑行面部绘画比较复杂，特别是净，都是重施油彩的，图案复杂，因此称“花脸”。戏曲中的脸谱，主要指净的面部绘画。而丑行，因其扮演戏剧角色，故在鼻梁上抹一小块白粉，俗称“小花脸”。

草图

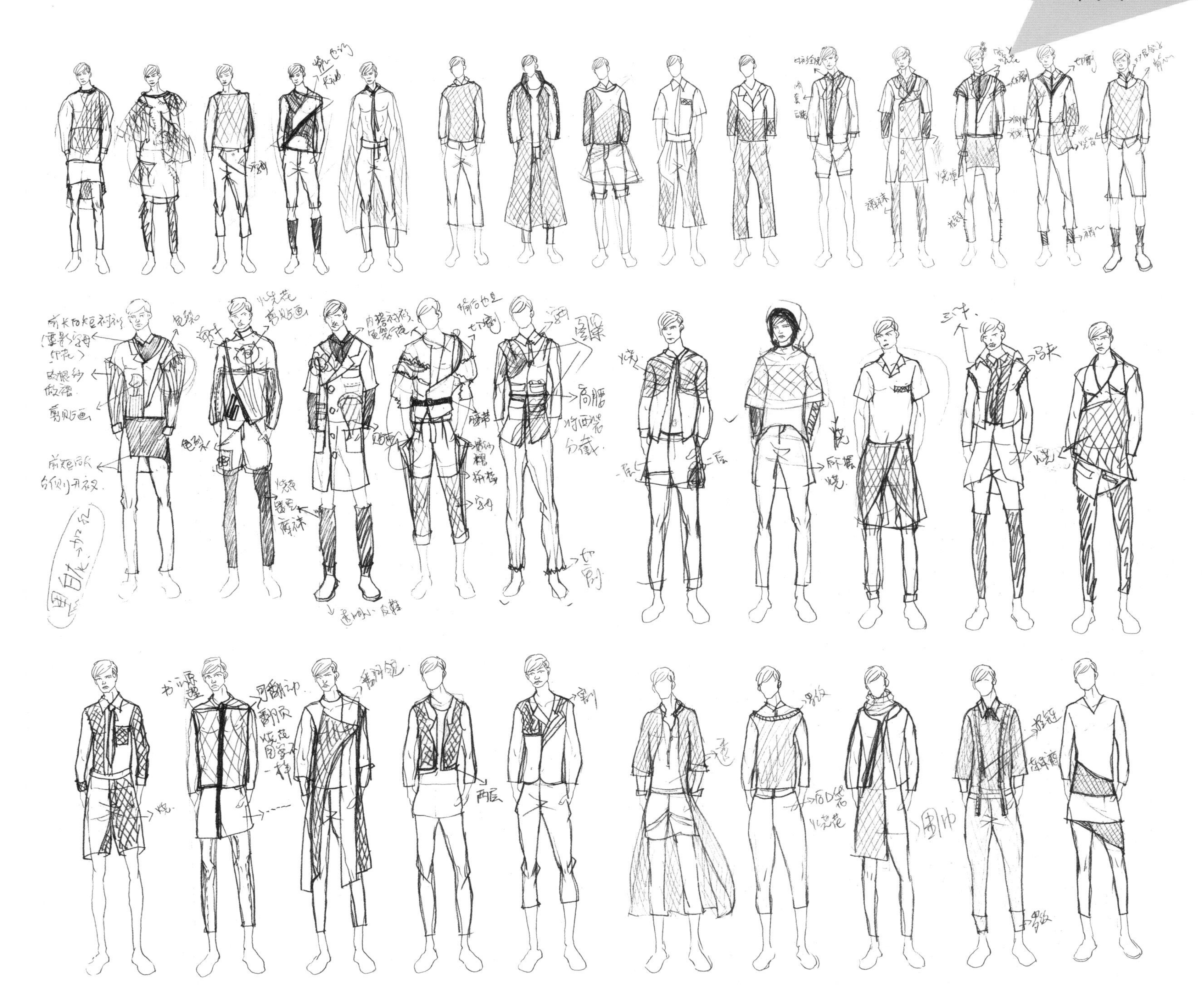

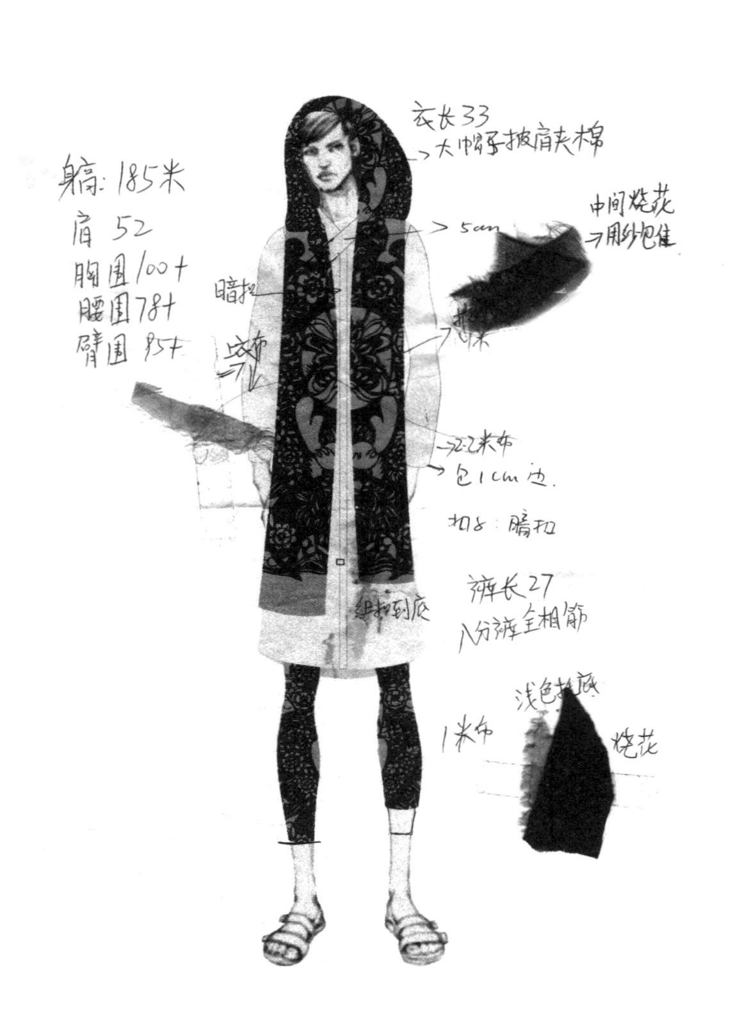
衣长33
肩 52
胸围100+
腰围78+
中间烧花
用纱包住
暗扣
包1cm边
裤长27
1米布
浅色打底
烧花

长度18
夹棉
纱.印花
中间烧花
全部用纱包
衣长31
薄
2米
纱.印花
裤长30
1.1米
浅色打底
烧花
全部
烧花
弹力布
烧花
双层接边开叉
下摆 直角
裤长16

把衣服裁片扫描到电脑做成 1:1 的图，再把脸谱的图案做成镂空的线条格式，填充到 1:1 的裁片里，利用电脑激光烧花把脸谱图案变现在面料上。这个做法，可以让图案在裁片上的位置更精确，进行烧花时提高图案位置准确率。

激光烧花就是利用激光的高能量密度特性，投射到服装材料表面，将材料汽化，并在服装材料表面产生清晰外形的加工工艺。激光烧花是一种先进的高科技加工方法，是一种有别于传统方法的全新的加工工艺。图中所示为服装裁片，内部花形孔采用激光烧花镂空而成，激光烧花加工无需开刀模，切边自动熔合，无散口现象。

效果图

成衣展示

本设计把脸谱以剪贴画的形式变现出来，转换为矢量图和线条图案，用电脑激光烧花的技术把图案表现在裁片上。再而，利用面料的不同程度的灰色系，把图案更好地衬托出来。

整个系列在色调上采用的是冷灰色的大色调，在面料上也采取了透与不透、厚与薄的重叠。服饰的设计借鉴了汉唐时期的服饰特点，在改良的基础上做出符合现代人审美的款式，有利于中国传统文化的传承。淡雅的色调，复古的裁剪，传统的图案，体现出服装的古风古韵。

指导老师：吴训信、陈璐

暨首届T台大咖原创设

《一念之间》

李远婷，2015 年毕业于广州大学纺织服装学院服装设计专业，现任广州金慧旗袍行设计师，大学期间曾和法国 ESMOD 学院的学生合作完成立裁作品，所设计的毕业作品入选 2015 年北京大学生时装周和广州大学生时装周。

灵感来源

大自然从来不缺乏美，各种各样的线条就是其中的一种，或笔直工整，或蜿蜒缠绕。本作品中的设计灵感就是源自世间万物零零总总的线条，简洁但不简单，且不失视觉上的丰富之感。埃及服饰巧妙运用褶皱的设计，就如人的思绪，或笔直清晰，或缠绕混乱，丝丝缕缕，意蕴悠长。

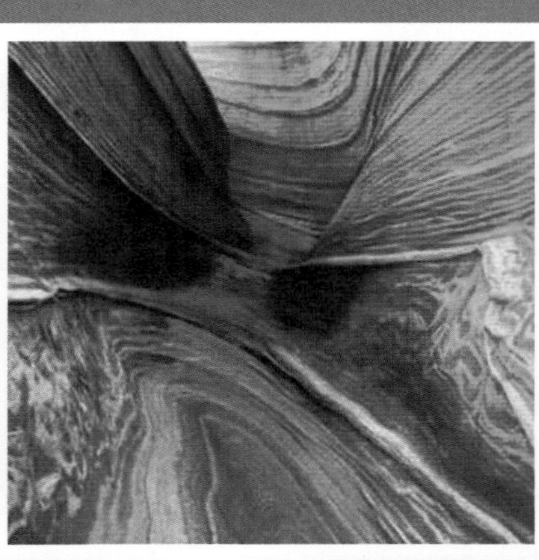

草图

制作过程

法国绒（主面料）

面料底料

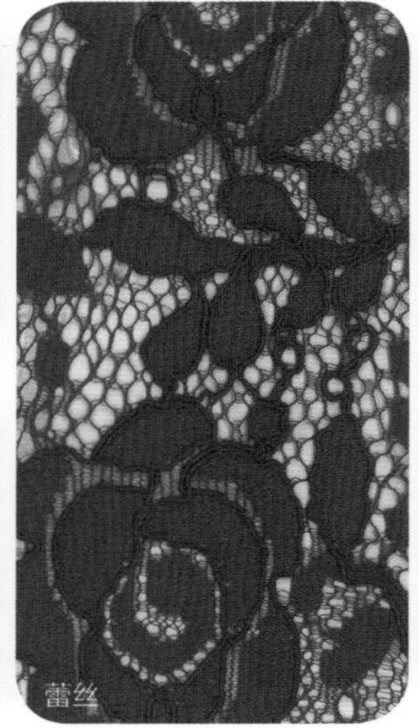
蕾丝

抽褶面料小样

裙子裁片

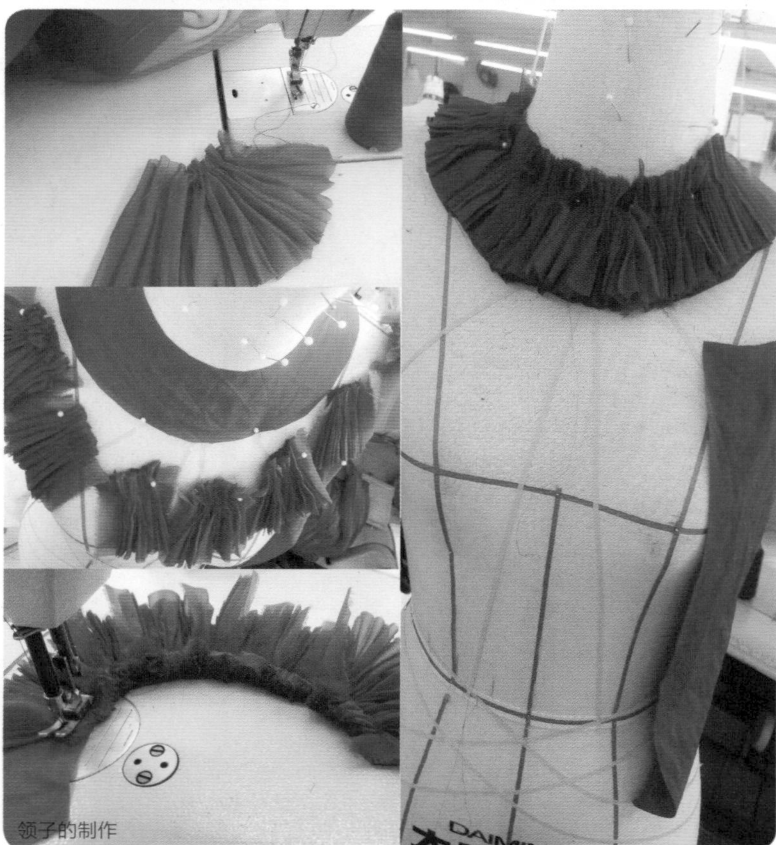
领子的制作

裙子成衣展示

车编织带

编织外套

手工抽褶压褶

立裁编织缠绕

[illegible]衣

细节

前片半成品

珠针定位立裁

编织

背面成品

正面成品

手针固定编织带

配饰制作

成衣展示

本系列主要用褶皱来表达人的思绪想法，再搭配律动的流苏和甜美性感的蕾丝，为整个系列增添动感和肌理，笔直顺畅或弯曲缠绕体现的是抽象各异的思绪状态，流苏的律动就像生命之源源源不绝。甜美性感的蕾丝为整个系列注入感性。系列用酒红色的沉稳韵味表现万千思绪，不浮躁，简洁而不简单的思绪才是最好的状态。这个系列采用了多种面料再造（抽褶、编织、拼接、绑带）手法，95% 为纯手工缝制，制作过程也是这个作品理念的体现。整个过程注入了作者极大的耐心和细心，通过不断改进与完善，最终完成一个完整的系列。

指导老师：李文娟、尹红

暨首届T台大咖原创设

蓝慧敏

《色傀》

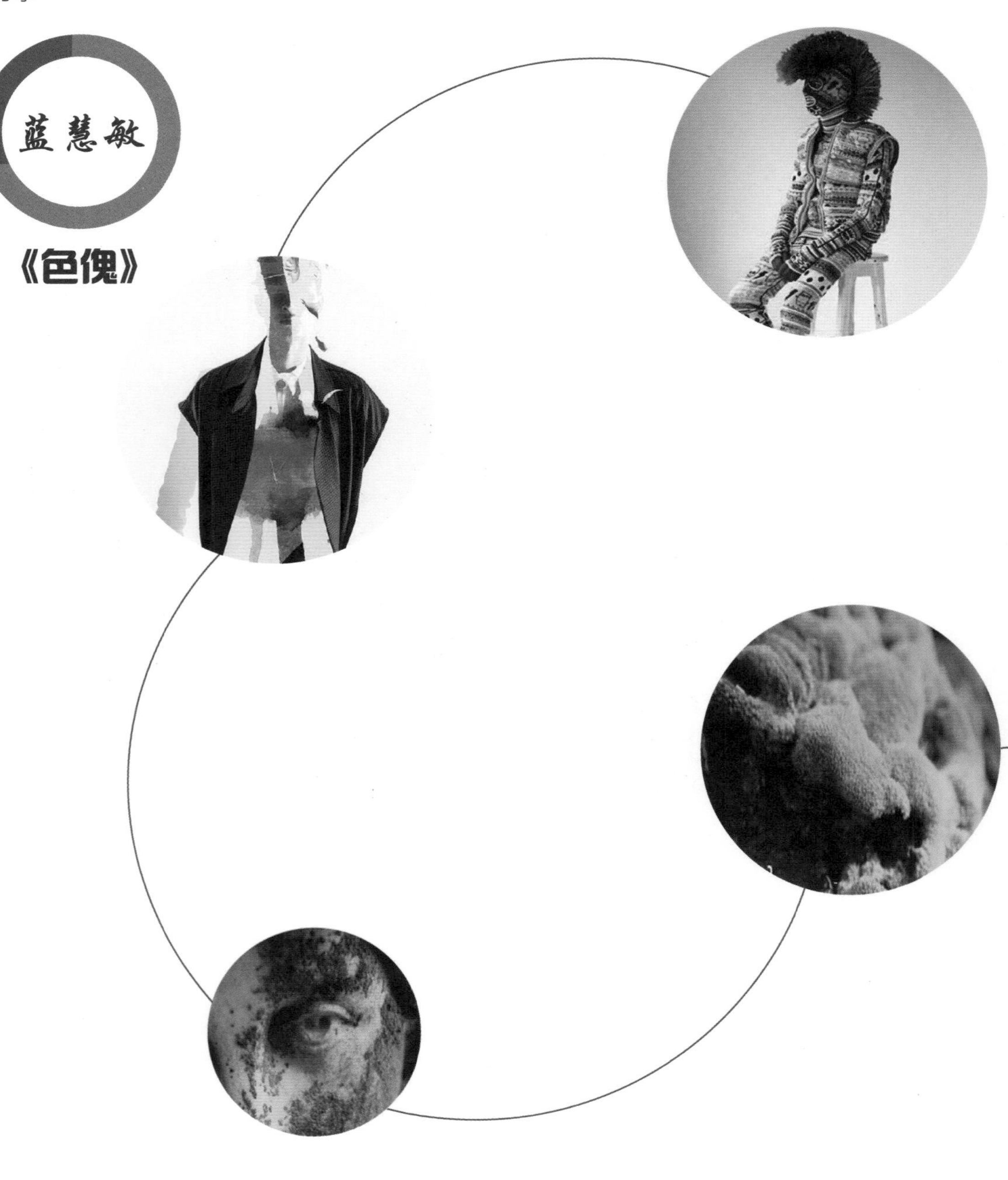

蓝慧敏，2015 年毕业于广州大学纺织服装学院服装设计专业。热衷于挑战新鲜事物，富有创意和新奇的想法，对色彩有着与生俱来的敏锐，专业知识扎实，拥有出类拔萃的手绘能力。大学期间，曾在广州话剧院担任服装助理。2014 年荣获《大连杯》时装插画大赛优秀奖，毕业设计作品《色傀》入选 2015 年北京大学生时装周和广州大学生时装周。

灵感来源

本设计作品灵感来源于大自然最原始的色彩。看似混乱实则有序的色彩相互交错，外加简单的几何图案，让作品具有神秘感的同时，增添了几分非凡的内涵。此外，带有装饰颗粒的竖纹结构，辅以渐变模糊的效果，让作品多了几分变化的灵动。

草图

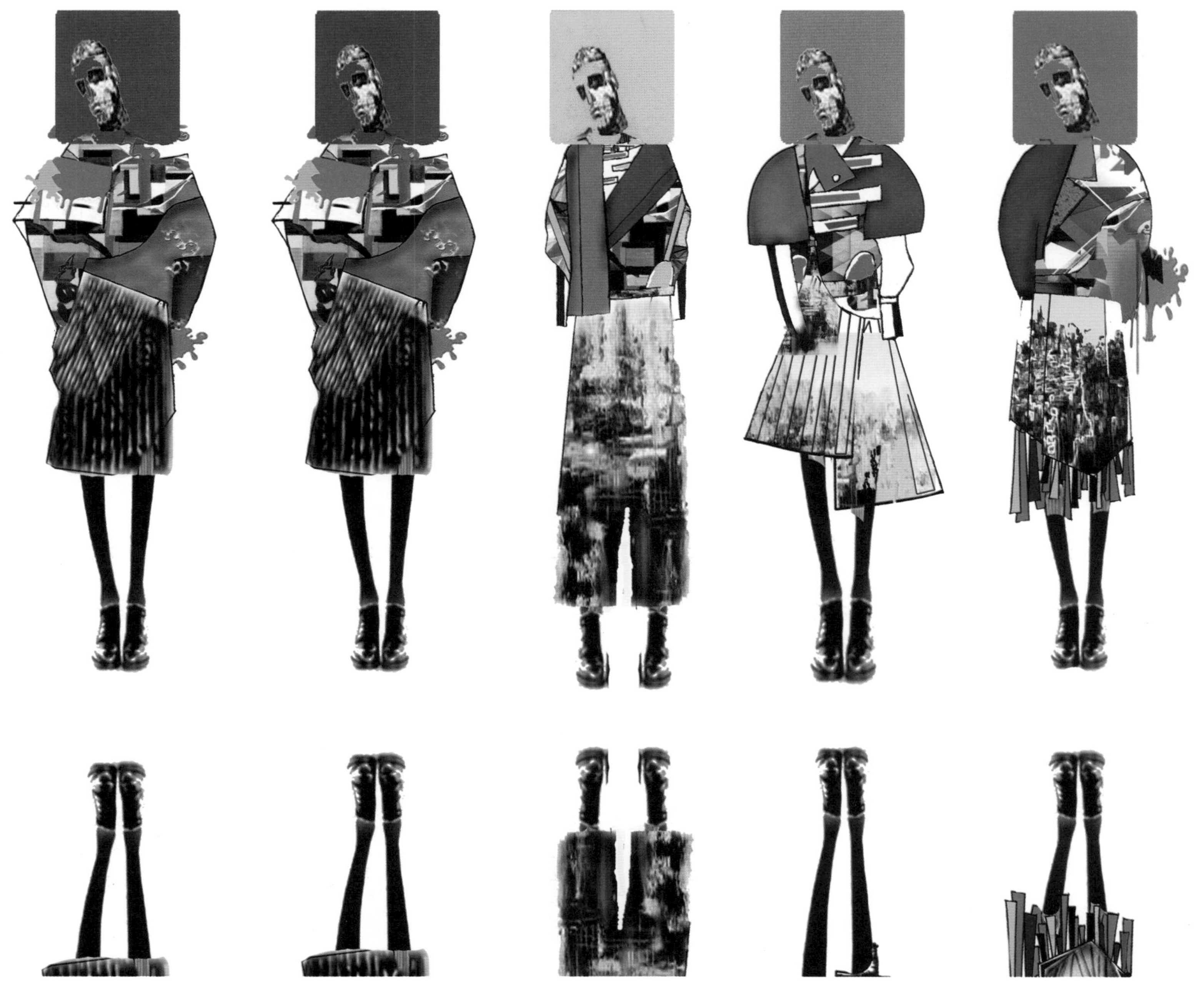

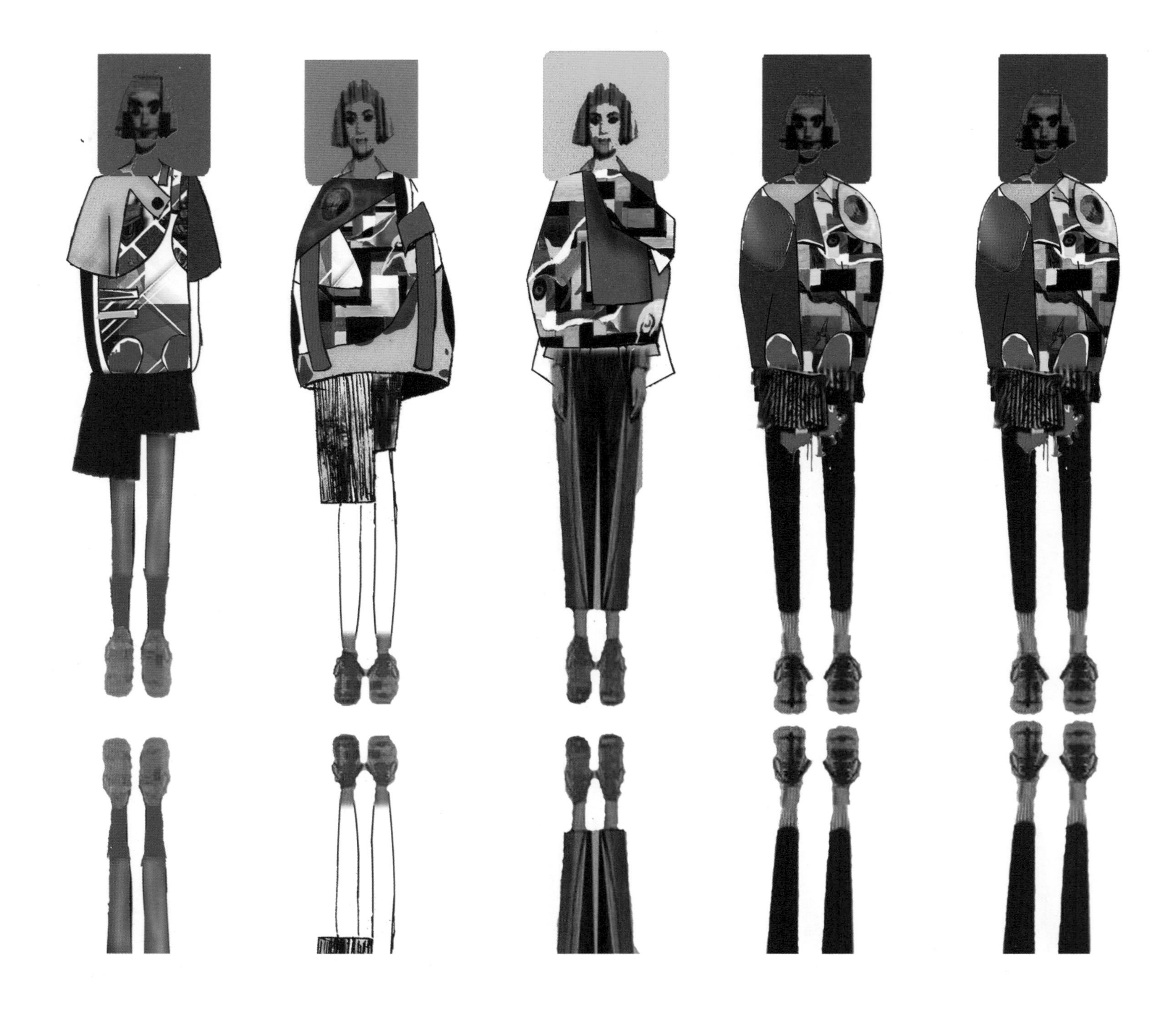

成品上色

样衣试色

样衣试色

成衣手工晕染

绘制纸样

成衣装饰手工订缝

车缝成衣裁片

成品上色

立裁坯样制作

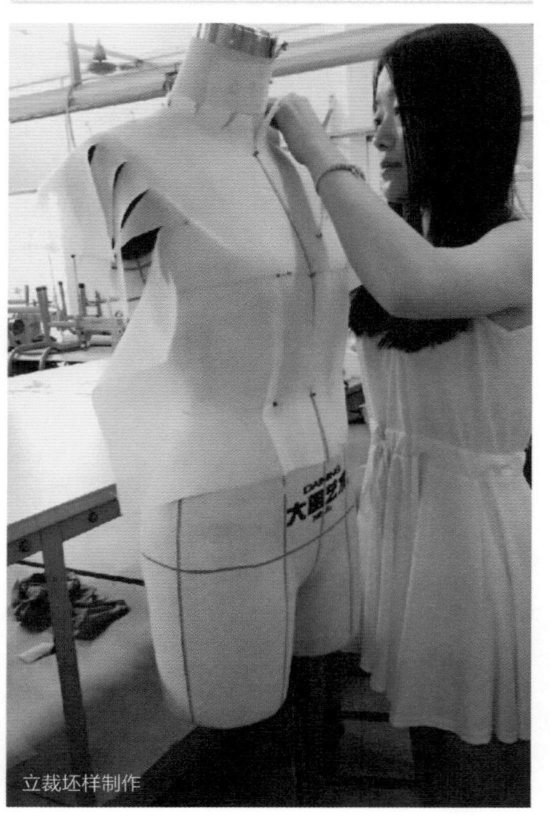
立裁坯样制作

成衣未上色展示

制作后期肌理效果小样

成衣展示

本设计作品没有过多人为刻意的设计，处处看到的是源于自然的美。简单的线条勾勒，看似杂乱，实则有其独特的美感。上装以手绘几何图案为主，下装以手绘渲染印花为辅，不同的颜色和图案撞击出青春个性的不诉求。

指导老师：石淑芹、温海英

谢娴

《稻絮》

谢娴，2015 年毕业于广州大学纺织服装学院服装设计专业。热爱生活，热爱时尚，又能准确把握时尚。擅长化腐朽为神奇，能够从生活中最平凡、最普通的事物中汲取灵感，赋予它们神奇的艺术魅力。

灵感来源

本设计作品灵感源于农村的田野：金黄的稻穗和麦秆、墨绿色的芦苇，还有儿时玩耍的“薏米珠”。将这些自然、朴素，而富有乡村气息的元素进行巧妙组合，幻化出别样的魅力。

草图

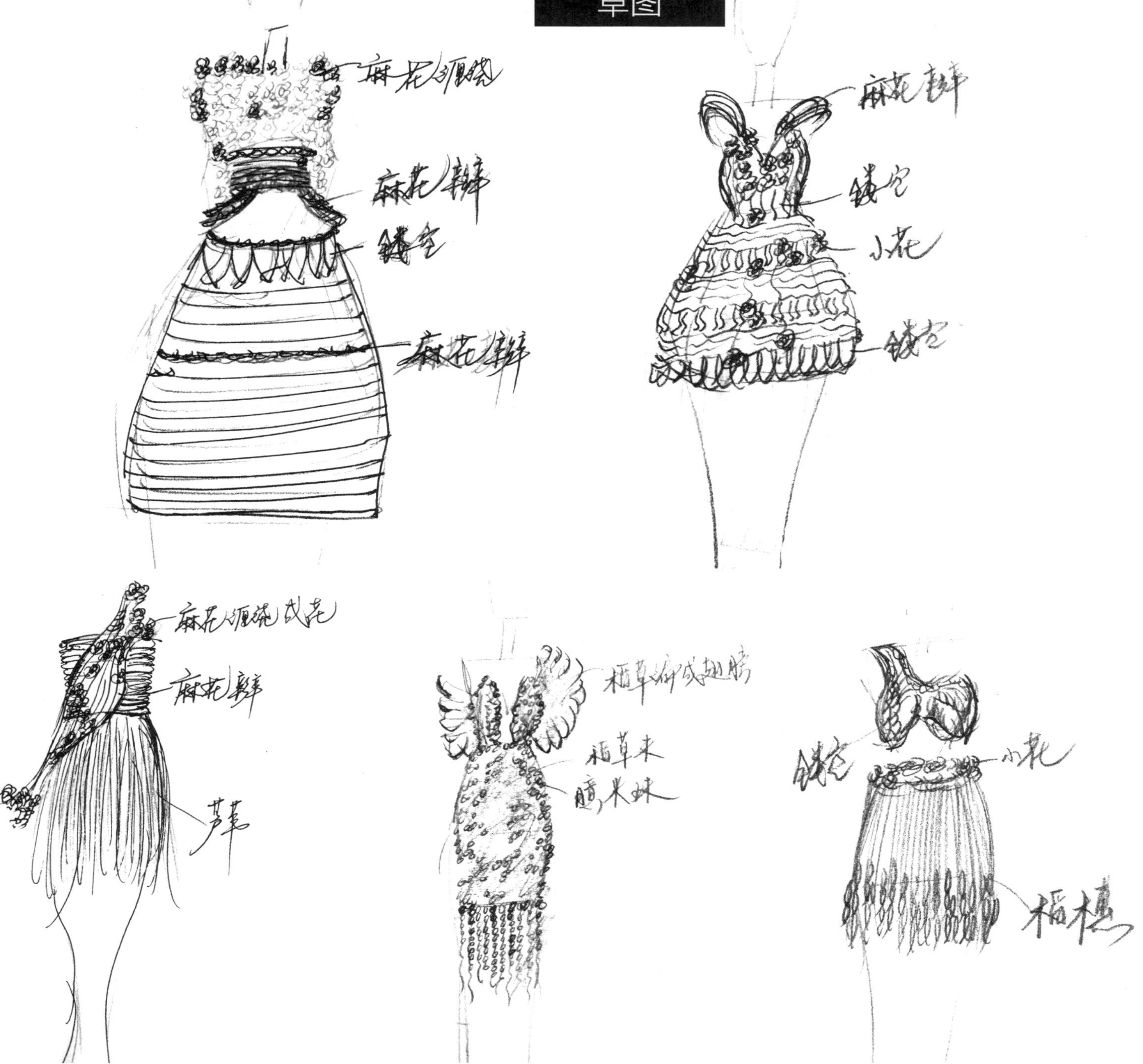

款式图一
款式图二
款式图三
款式图四
款式图五
稻絮
款式图六

细节

配饰图及成衣部分细节图

制作过程

编织麻花

编织的小花

组合、定型

上色

鞋子成品

半成品

挑选稻草

配饰展示

成衣效果

鞋子定型

成衣展示

本系列作品在制作设计过程中，遇到了许许多多的坎坷，经过记录每次失败的原因，尝试了各种不同的方法，设计想法的不断更新，工艺的反复推敲和验证，最终找到了设计方向。

指导老师：石淑芹、温海英

《线世繁花》

陈秋燕，2015 年毕业于广州大学纺织服装学院服装设计专业。做事专注，追求完美。扎实的专业知识，富有创新精神，而又不乏勤奋。

灵感来源

本作品灵感源于对人类和自然之间的一种思考。一朵娇艳的鲜花，一片翠绿的树叶，无不充满了生命的活力，而滋养这些美丽生命的就是一根根枝条。人与自然的关系也是如此，人如花和叶，自然就是滋养花和叶的枝条。人类要保持自己的生命活力，就必须要呵护好自然这根枝条。

草图

效果图

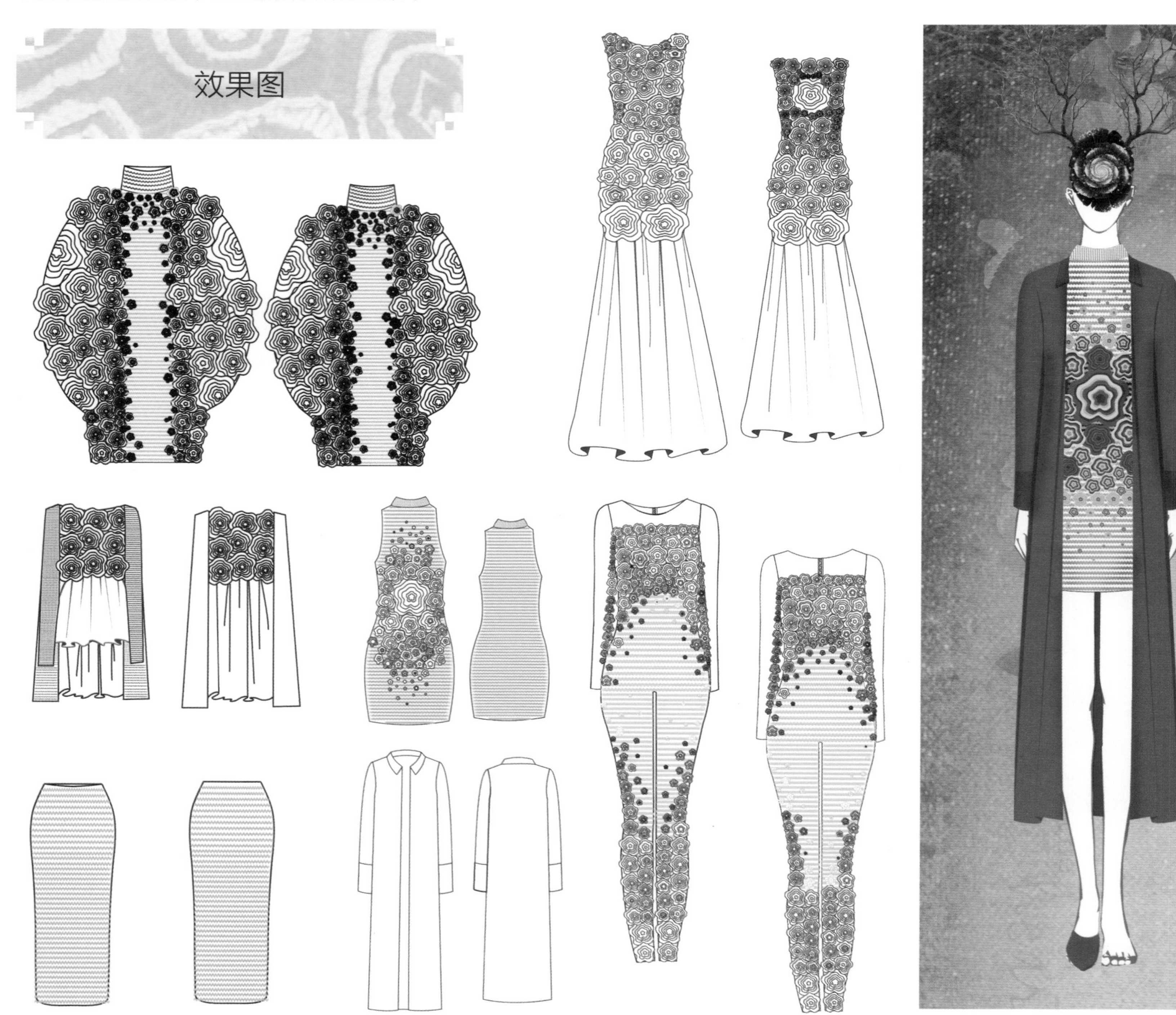

制作过程

裁布

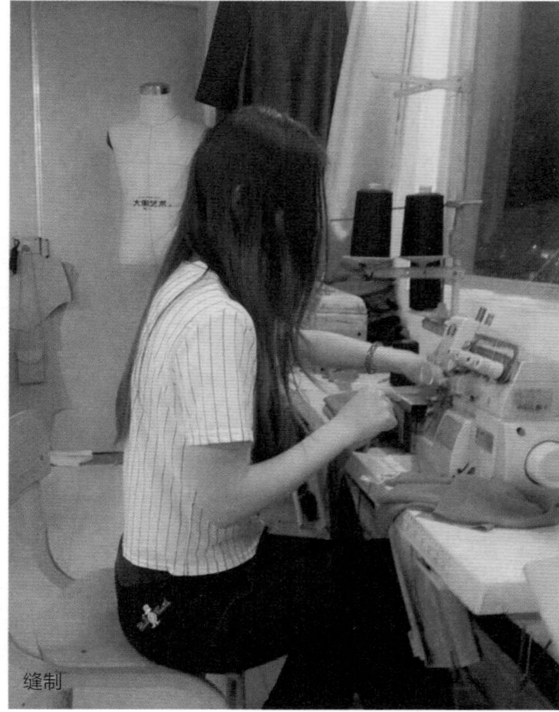
缝制

缝合

钩花

型

半成品

半成品

成衣展示

本系列以毛线为主，运用钩针和棒针进行编织，用钩针钩出不同大小花朵进行渐变，然后将每朵花用线缝合，再拼合以棒针编织的部分，表达服装的立体感和厚重感，再结合雪纺面料的轻柔飘逸，形成两种面料的强烈对比。

指导老师：吴训信、陈璐

2015届广州大学纺织服装学院毕
暨首届T台大咖原创设计师竞
WEEK

Twisted Face

《Twisted Face》

何焯新，2015 年毕业于广州大学纺织服装学院服装设计专业。专业知识扎实，同时注重实践。大学期间，曾在美思内衣实习，在 ROGER LUO 担任服装设计助理；并多次参加各种赛事，均获得优异成绩。毕业作品入选北京大学生时装周和广东省大学生时装周，表现突出。现担任广州浦石数码印花设计师。

灵感来源

传统文化中总有取之不尽的瑰宝。本设计产品以中国传统的脸谱和七巧板上的颜色相结合，以服装为载体，将看似不相干的两者结合起来，迸发出诱人的魅力。

效果图

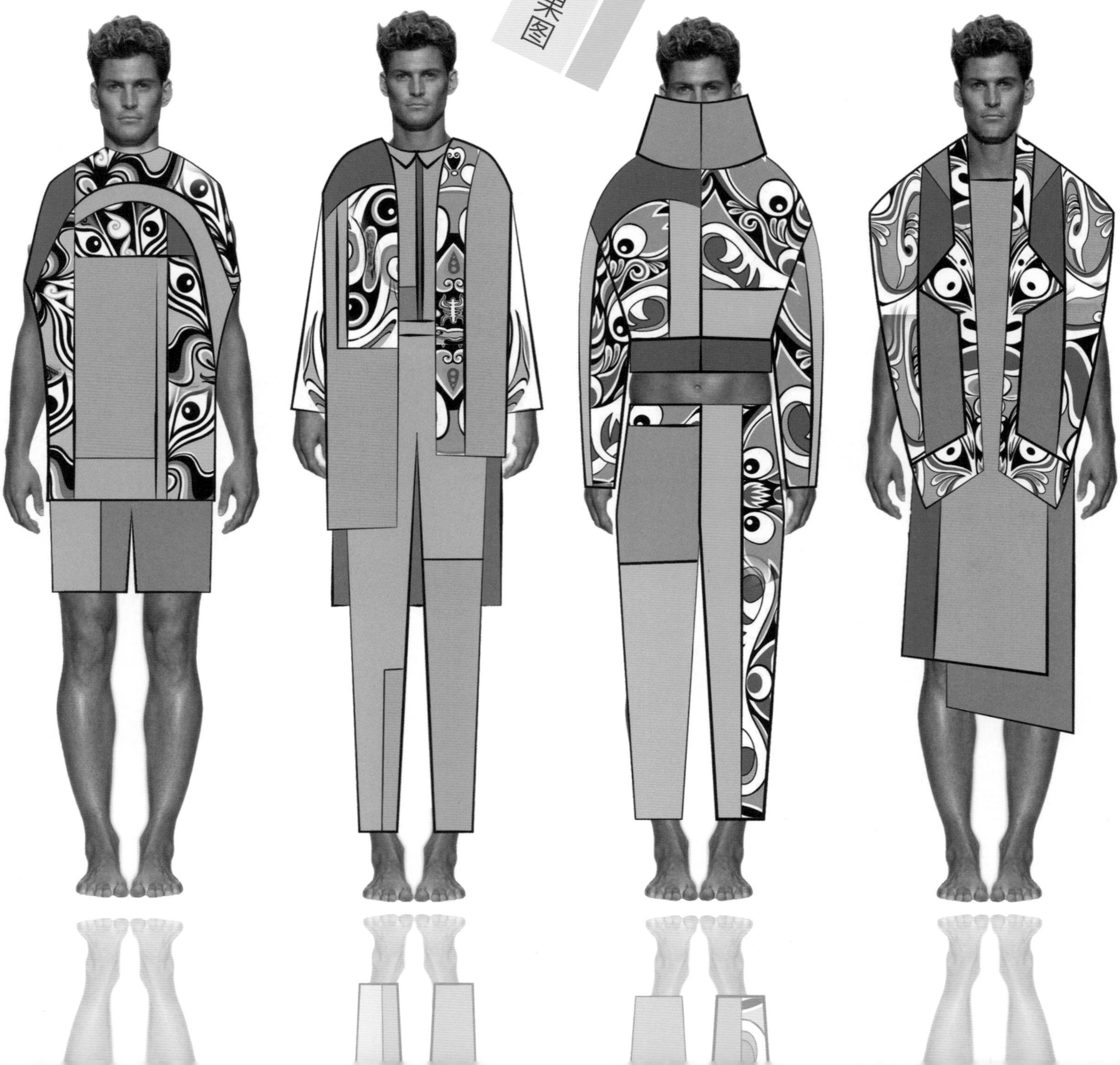

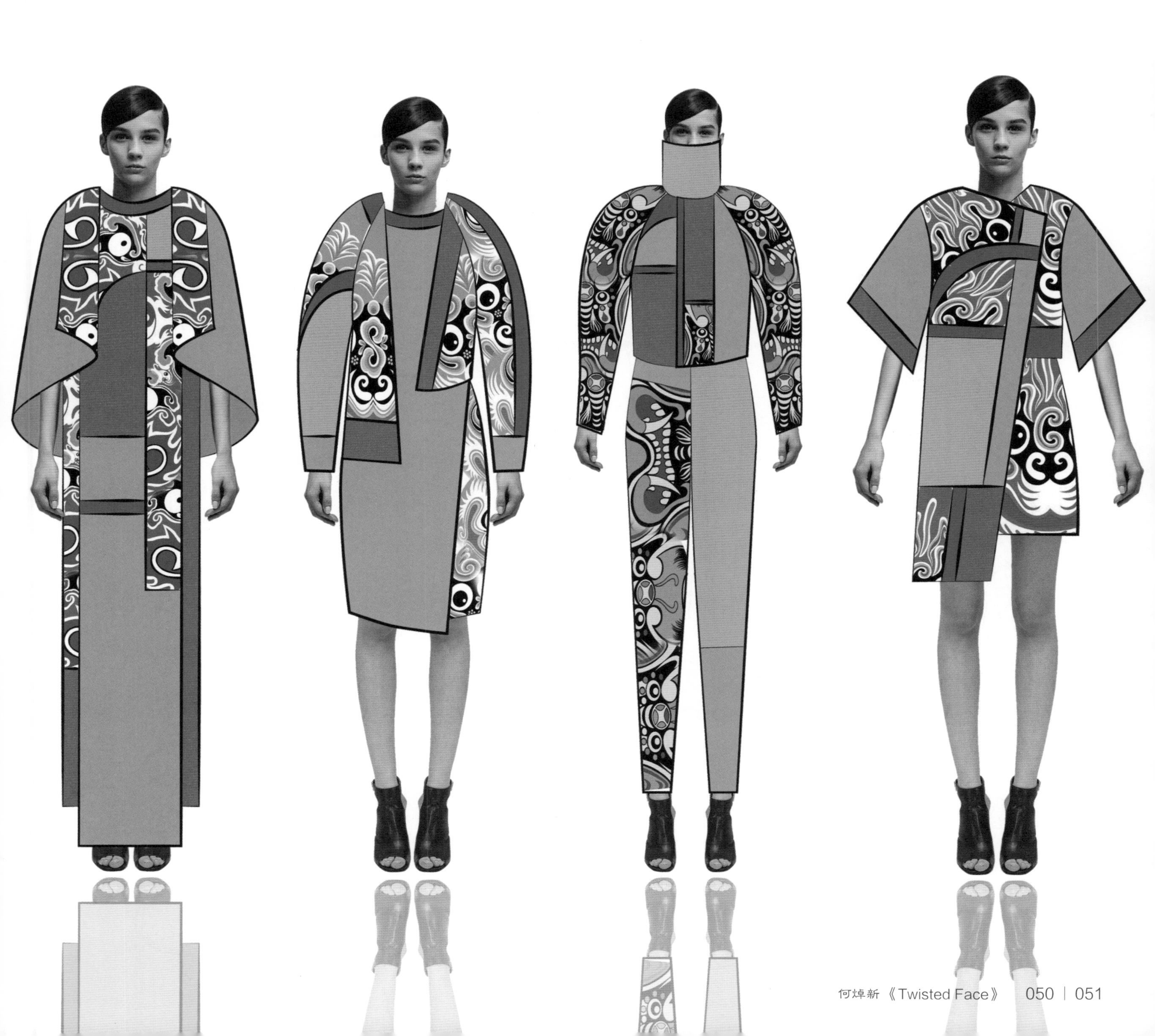

草图与构思

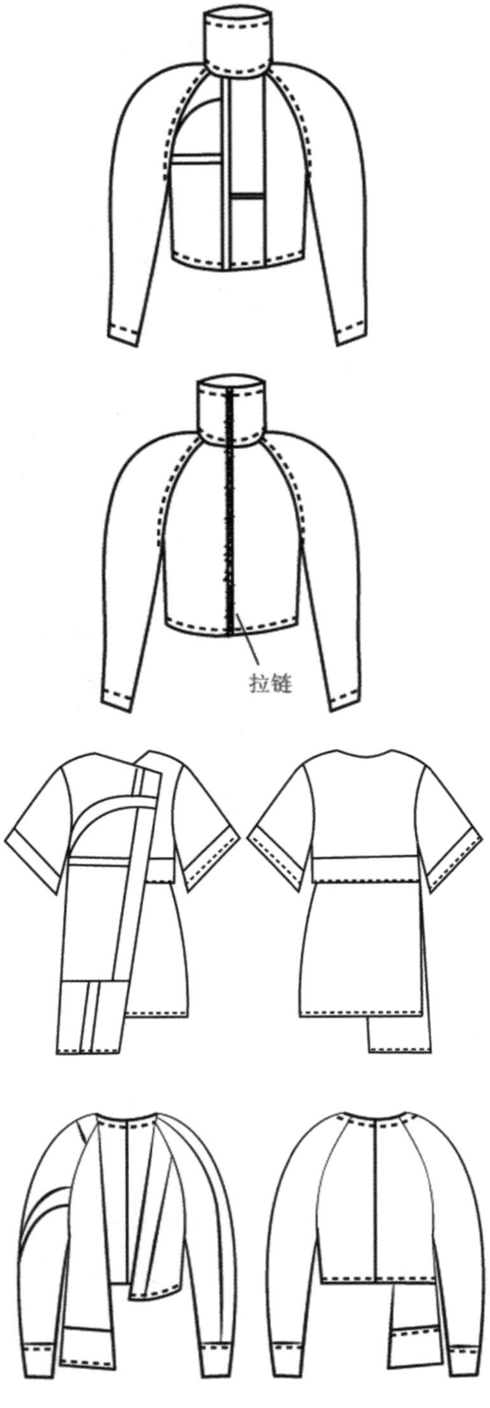

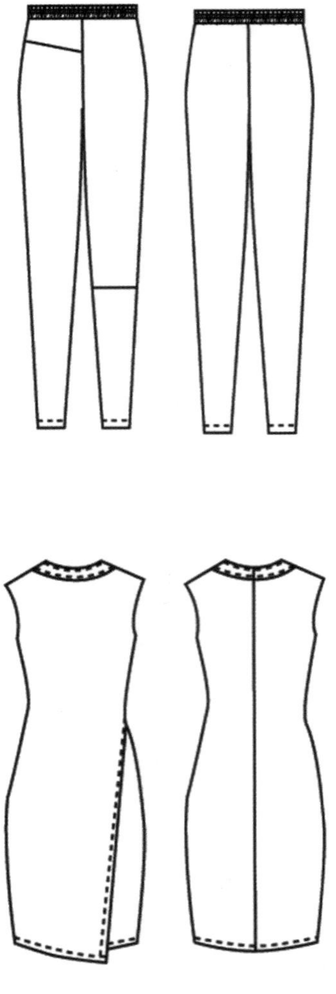

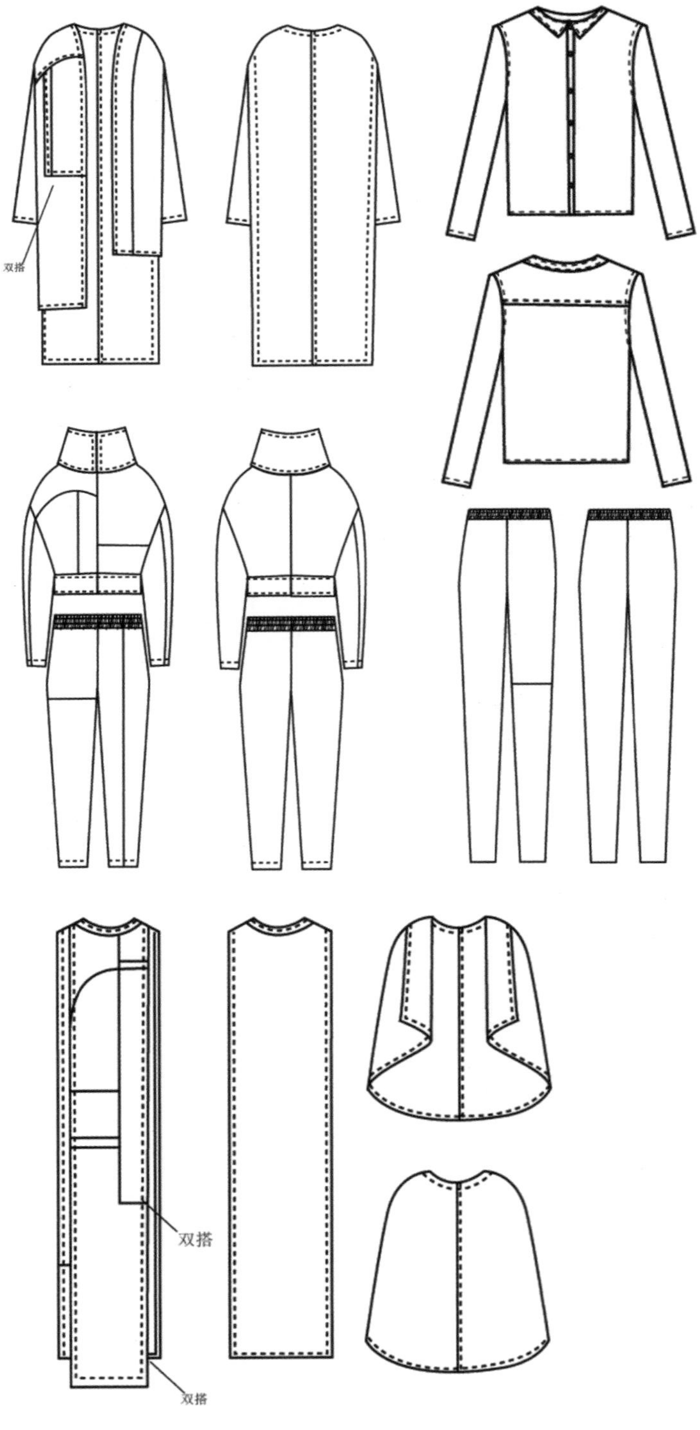

双搭

拉链

双搭

双搭

制作过程

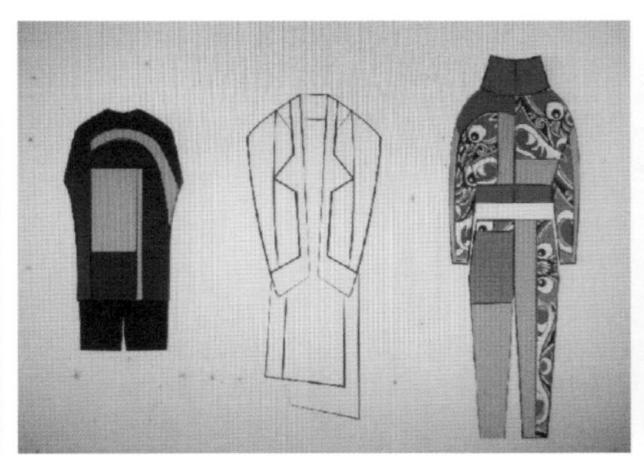

不同风格尝试

小样试验

染色试样

面料再造小样

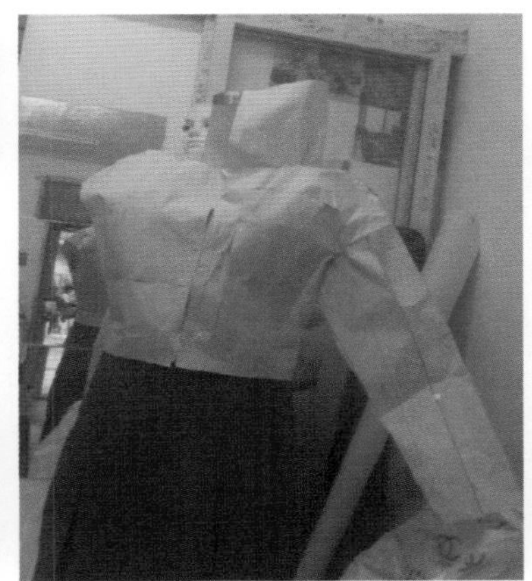

纸样校板

校对版型

第一套成衣制作完成

第二套完成

第三套完成

完成

成衣展示

本系列灵感源于脸谱，利用拼接的手法，把不同的颜色拼接在一起来组成脸谱的图案，然后利用毛线根据脸谱的图再进行重组处理，使脸谱呈现出立体的效果，让服装层次更加丰富。

指导老师：石淑芹、温海英

卓新《Twisted Face》

《零点》

陈玉珊，2015 年毕业于广州大学纺织服装学院服装设计专业。天生对服装有着浓厚的兴趣和天分，对潮流资讯有着异于常人的敏锐与见解。大学毕业作品成功入选广东省大学生时装周，毕业后在知名服装公司担任设计师助理职务。

祝一冰，2015 年毕业于广州大学纺织服装学院服装设计专业。热爱服装，醉心时尚，胆大心细，敢于创新，追求完美。大学毕业作品入选广州大学生时装周。毕业后在新名公司担任服装设计助理。

灵感来源

本设计灵感来源于生活中的一种拼接方式，对于生活的时间与空间的碰撞，没有终点，一切又回到原点。肌理的面料再造是本作品的特色，将原来物体打破再重新构成，细致而规律地贴上，表达了人们对生活的乐观，永不放弃精神。

草图与制作图

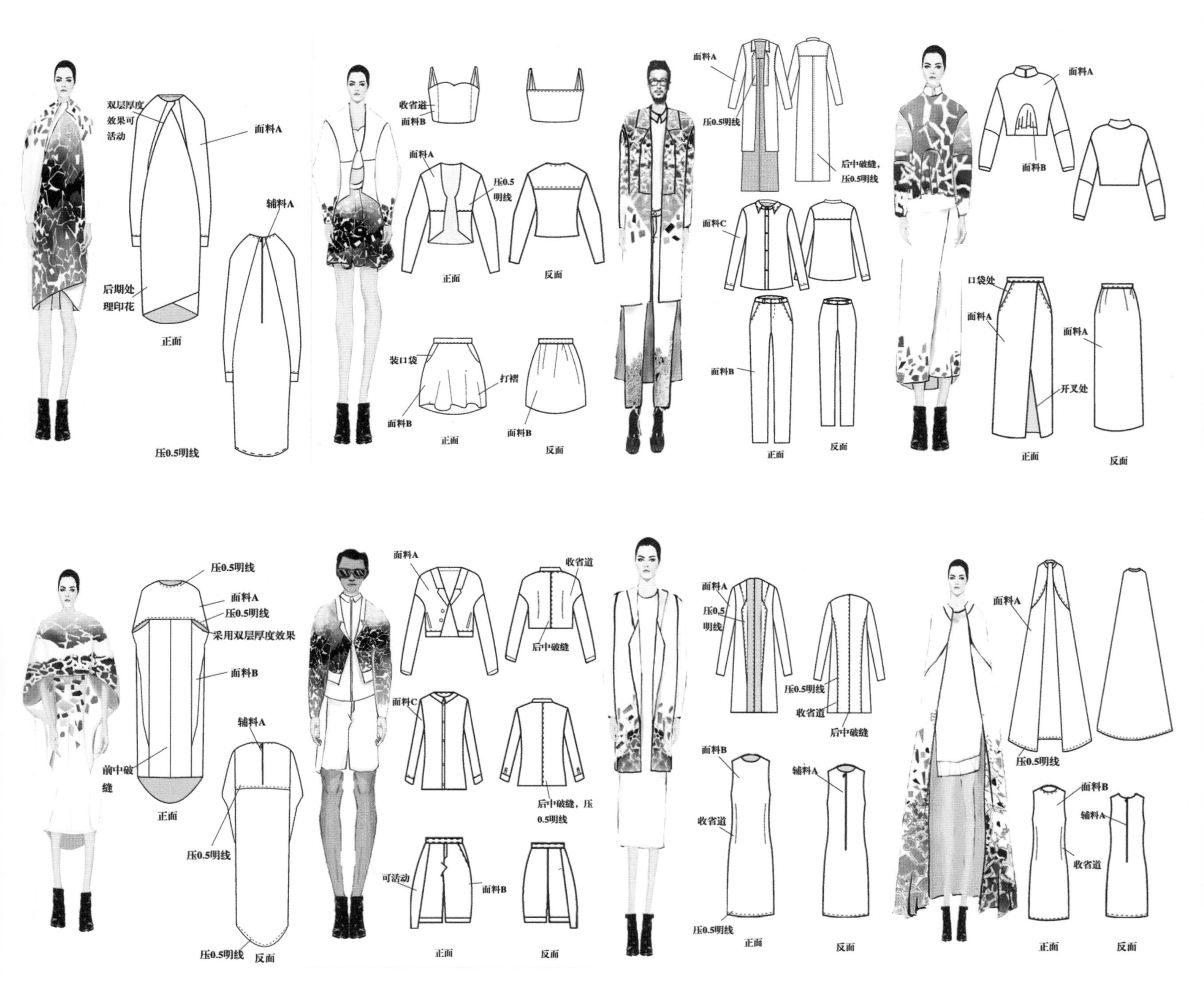

双层厚度
效果可
活动
面料A
后期处
理印花
正面
辅料A
压0.5明线
收省道
面料B
面料A
压0.5
明线
正面
反面
装口袋
打褶
面料B
正面
面料B
反面
面料A
压0.5明线
后中破缝，
压0.5明线
面料C
面料B
正面
反面
面料A
面料B
口袋处
面料A
面料A
开叉处
正面
反面
压0.5明线
面料A
压0.5明线
采用双层厚度效果
面料B
前中破
缝
正面
辅料A
压0.5明线
压0.5明线
反面
面料A
收省道
后中破缝
面料C
后中破缝，压
0.5明线
可活动
面料B
正面
反面
面料A
压0.5
明线
压0.5明线
收省道
后中破缝
面料B
辅料A
收省道
压0.5明线
正面
反面
面料A
压0.5明线
面料B
辅料A
收省道
正面
反面

效果图

制作过程

太空棉又叫“慢回弹”，是一种开放式细胞结构，具有温感减压特性。柔软的太空棉，轮廓清晰，容易制作出理想的造型。而印花的太空棉与热塑性聚氨酯弹性体（TPU）结合在一起，使整个图案形成冰裂的效果。

1. 了解到面料的功能性，运用在不同的廓形是否可以达到相对应效果。

2. 印花图案，绘制出山水画图案再制作印花裁片。

3. 面料再造，把印有图案的 TPU 的面料剪碎，再相对应在服装印花处加工，还有某些空白地方用针线缝上去，使整个服装看上去色彩协调，整体更加时尚，充满动感。在操作过程中，进行了多次反复的修改才确定。

图形的设计

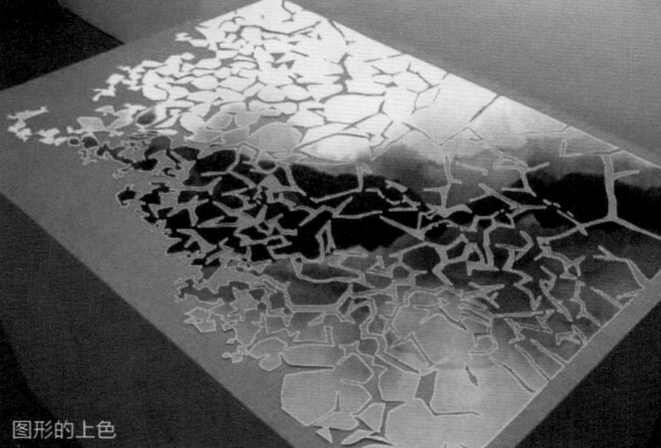

图形的上色

图案元素

制版

制版与图形结合

半成衣

领部的裁片元素

半成衣

半成衣

本系列作品是一个合作创作的作品，从最初寻找灵感再到深入讨论，针对所有素材和资料进行激烈而充分的探讨，最终碰撞出满意的效果。整个过程，就是一个不同设计师智慧与灵感碰撞，从分歧到融合的过程。

指导老师：石淑芹、温海英

欧淑娴，2015 年毕业于广州大学纺织服装学院服装设计专业。心细如丝，追求极致与完美，以一种最为安逸闲适的态度生活着，尽情去发现和品味生活中的美。

欧淑娴

《海之魅》

草图

结构图

效果图

制作过程

先打好服装所需的版型，用白色毛线缝制在服装的各裁片上，接着用所需颜色的马克笔在各裁片上进行染色，在面料上刺绣珊瑚的图案来作为点缀，使服装看起来更加精致。

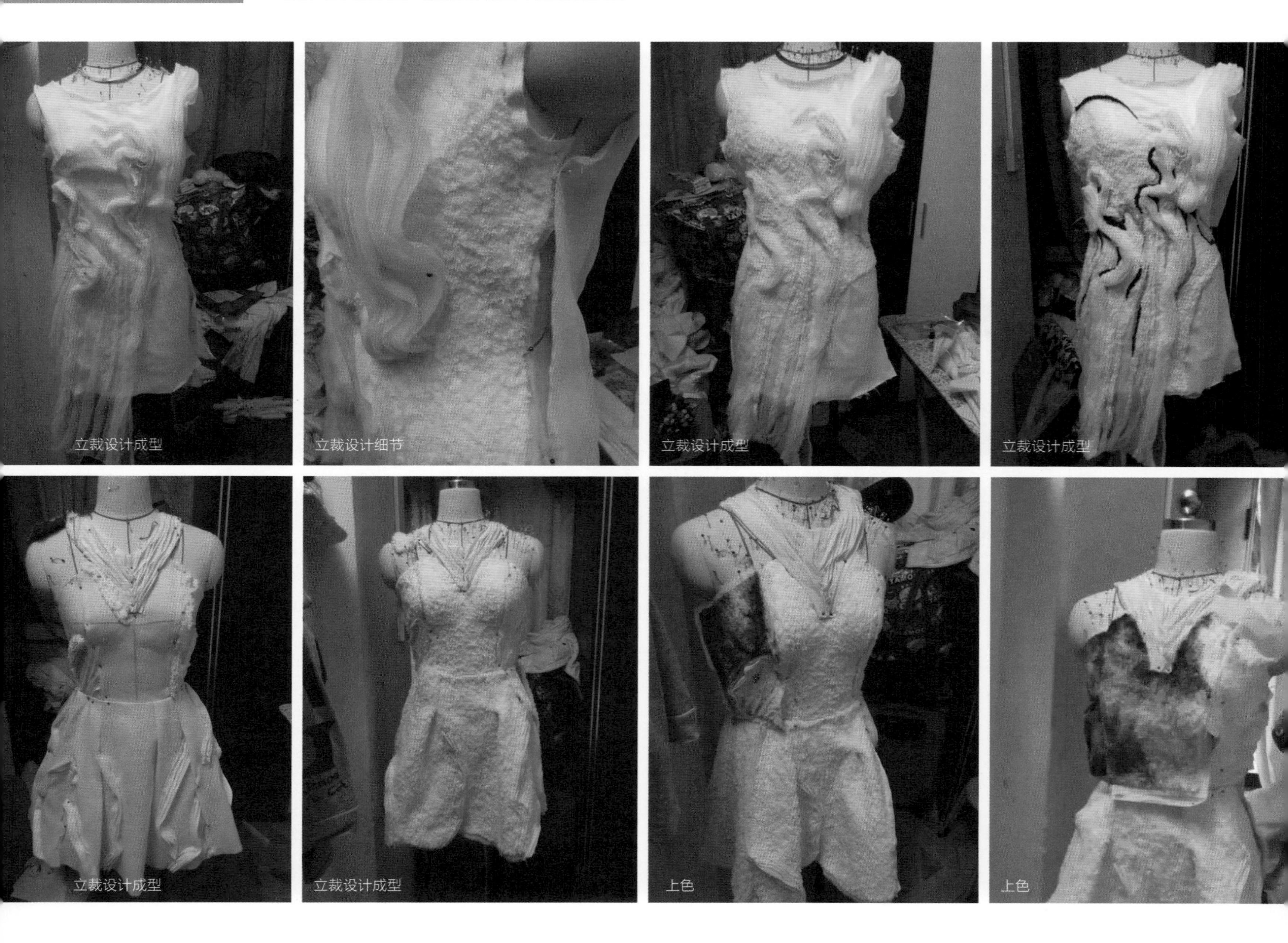

立裁设计成型　立裁设计细节　立裁设计成型　立裁设计成型

立裁设计成型　立裁设计成型　上色　上色

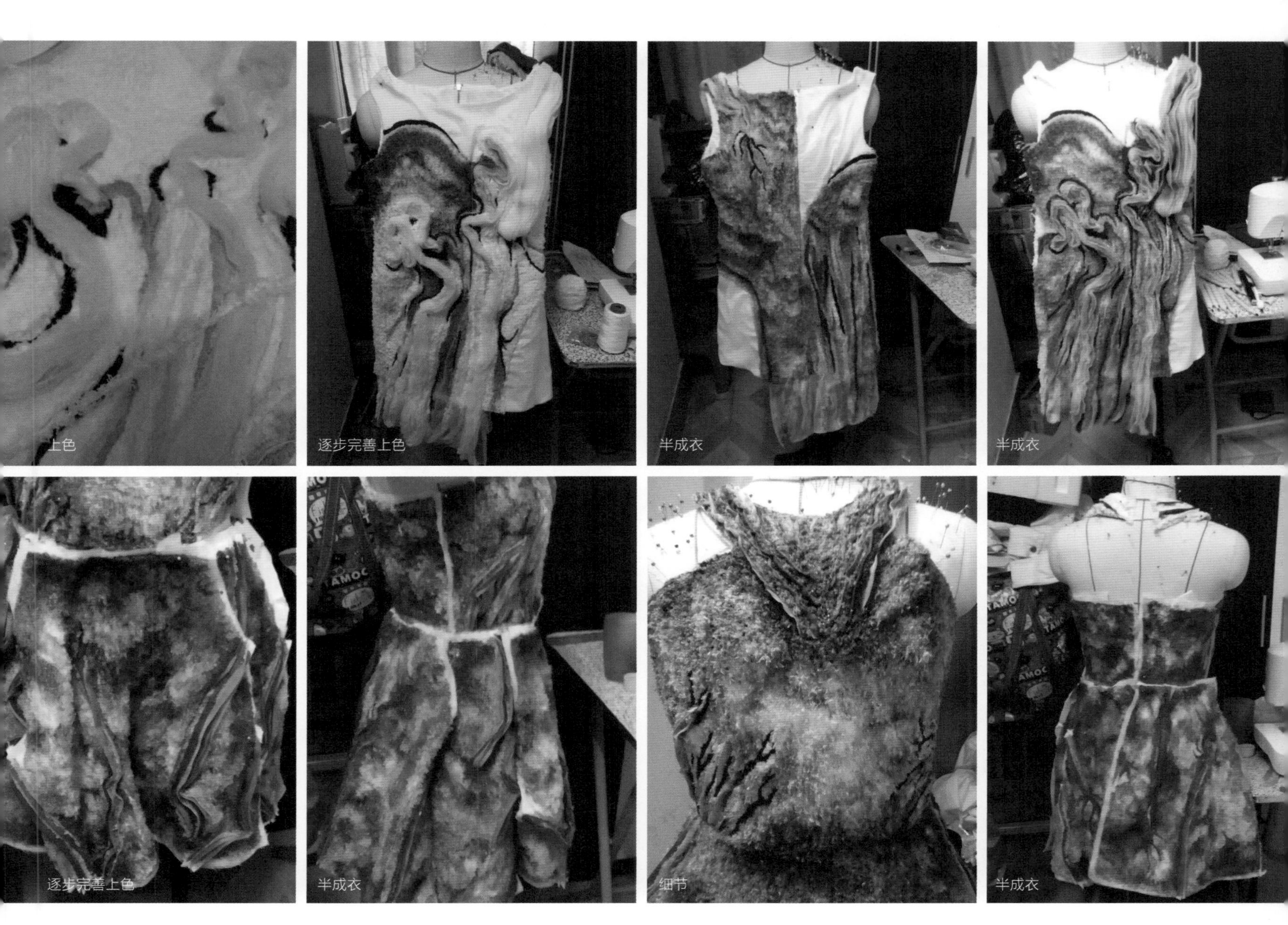

上色

逐步完善上色

半成衣

半成衣

逐步完善上色

半成衣

细节

半成衣

成衣展示

本系列灵感源于神秘海底中形态各异的生物。采用海底生物的特别花纹肌理为服装的再造面料元素，在设计上采用了褶皱，犹如海水的波澜连绵起伏。在服装细节部分加上五彩的小颗亚克力珠子与珊瑚形的刺绣图案，把深海生物的珍奇绚丽以及深海神秘而不失美丽呈现出来。以丰富的色彩相互碰撞，使服装整体更具视觉冲击力，表现出对这个繁华时代的向往。

指导老师：石淑芹、温海英

WEEK
暨首届T台大咖原创设

李向丽，2015 年毕业于广州大学纺织服装学院服装设计专业。曾经着迷于建筑设计，阴差阳错进入服装设计领域，并在这条路上越走越远。

《淡然》

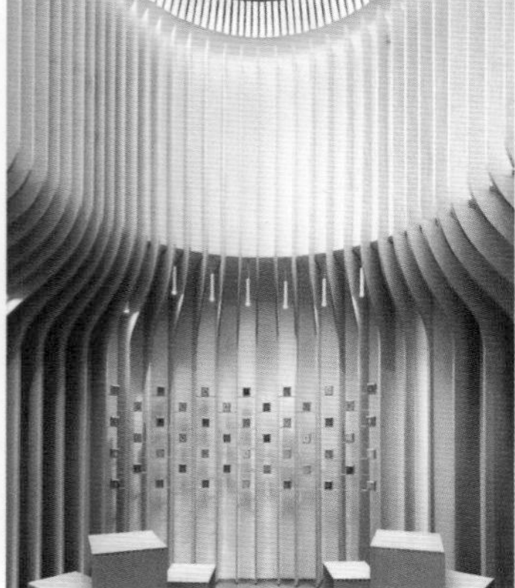

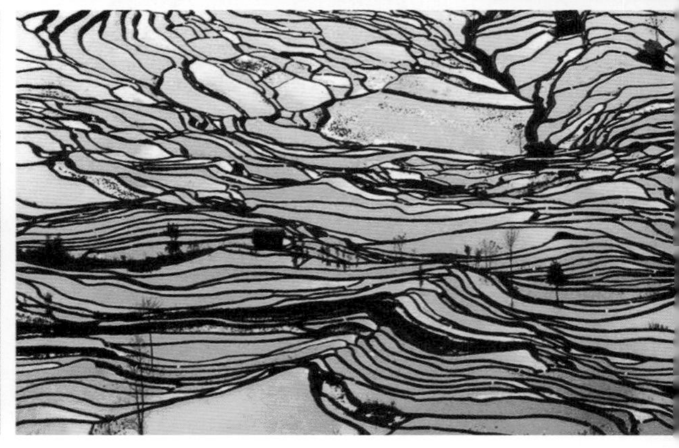

灵感来源

在向大自然寻找灵感时，设计师想到了在云南见过的风景，连绵起伏的群山，层层叠叠的梯田，五彩缤纷的花草。然而，很多美景被人为破坏了。因此，设计师采用了无色彩来表达这种美好事物被破坏的遗憾。它结合了建筑和室内设计里常用的几何图形，以达到立体效果。本作品汲取了建筑设计层层叠叠的原色，但是用无色取代了五彩缤纷的色彩，用以告诫人类珍爱自然。

草图

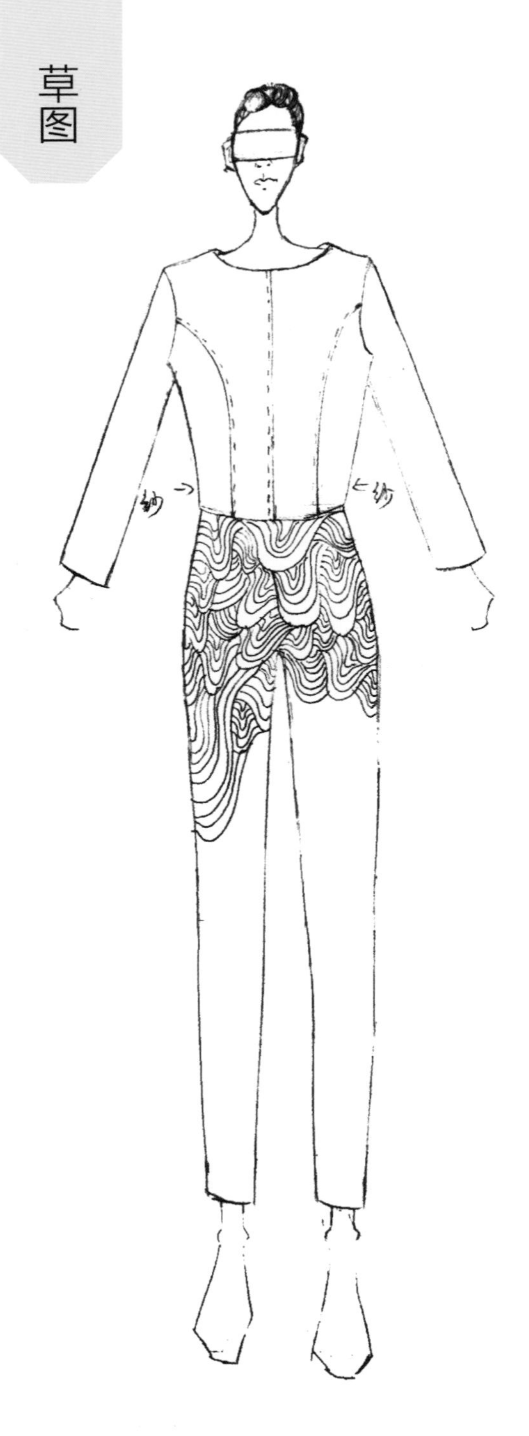

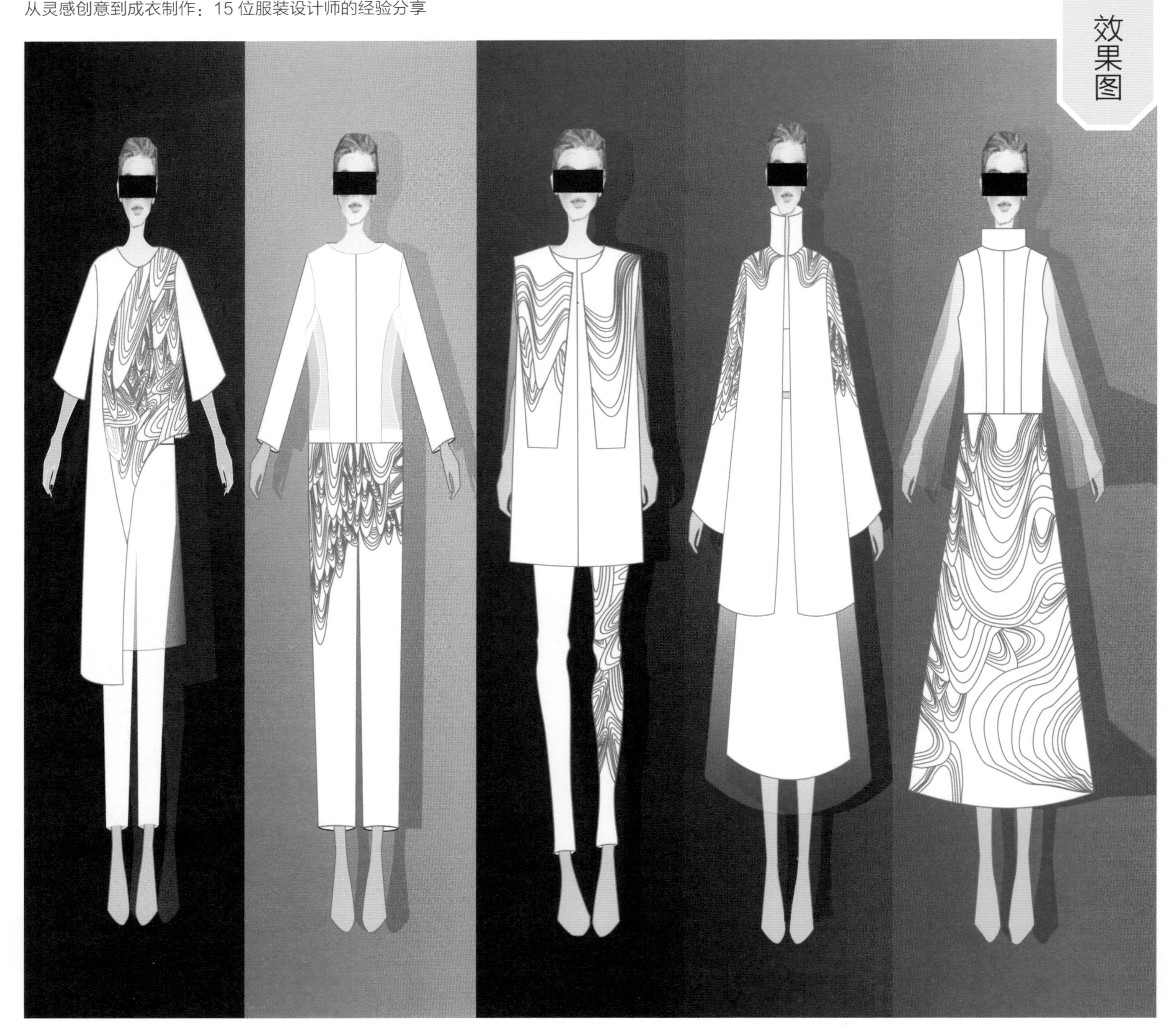

制作过程

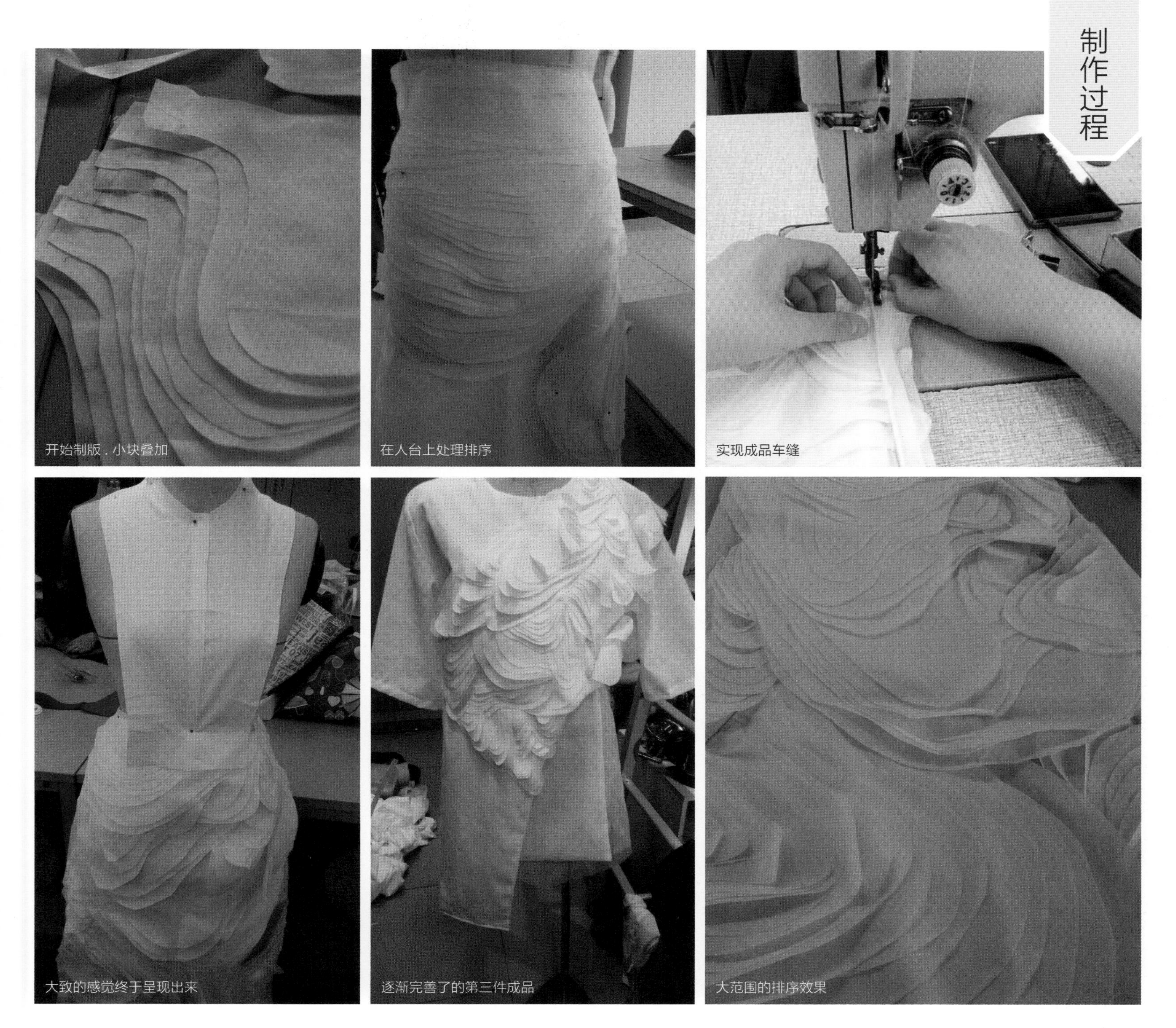

开始制版．小块叠加

在人台上处理排序

实现成品车缝

大致的感觉终于呈现出来

逐渐完善了的第三件成品

大范围的排序效果

成衣展示

本系列作品源于透视，面料拼接，半裙，轮廓形状简洁立体。在带有现代优雅女性主义感的服饰上，塑料质地或是轻盈的透明光泽带来强大的视觉冲击，再加上简单的线条描绘，记录了生动优雅的轮廓。墨守成规的表达方式，用热熔胶替代传统墨的渲染形式，净色与肌理的结合是这一主题的亮点。

指导老师：吴训信、陈璐

2015届广州大学纺织服装学
ASHION WEEK
暨首届T台大咖原创设计

FASHION WEEK
暨首届T台大咖原创设

《素·蓝》

彭爱玲，2015 年毕业于广州大学纺织服装学院服装设计专业。对服装满怀热情，并寄托了自己的梦想。在校期间，就已经随设计师学习服装设计实操。毕业作品入选北京大学生时装周和广东省大学生时装周。毕业以后在广州模样服装有限公司担任原创设计助理。

灵感来源

本设计灵感来源于传统的掉染工艺。在造型上，重新回到最基本的造型，披风式的大衣、围巾、纯麻的纱线，精致的面料肌理；在色彩上选择蓝色作为主色调，微妙的水洗和扎染渐变，直接应用到服装中，从而获得特殊的效果，给人一种古朴而自然美的感觉。

草图

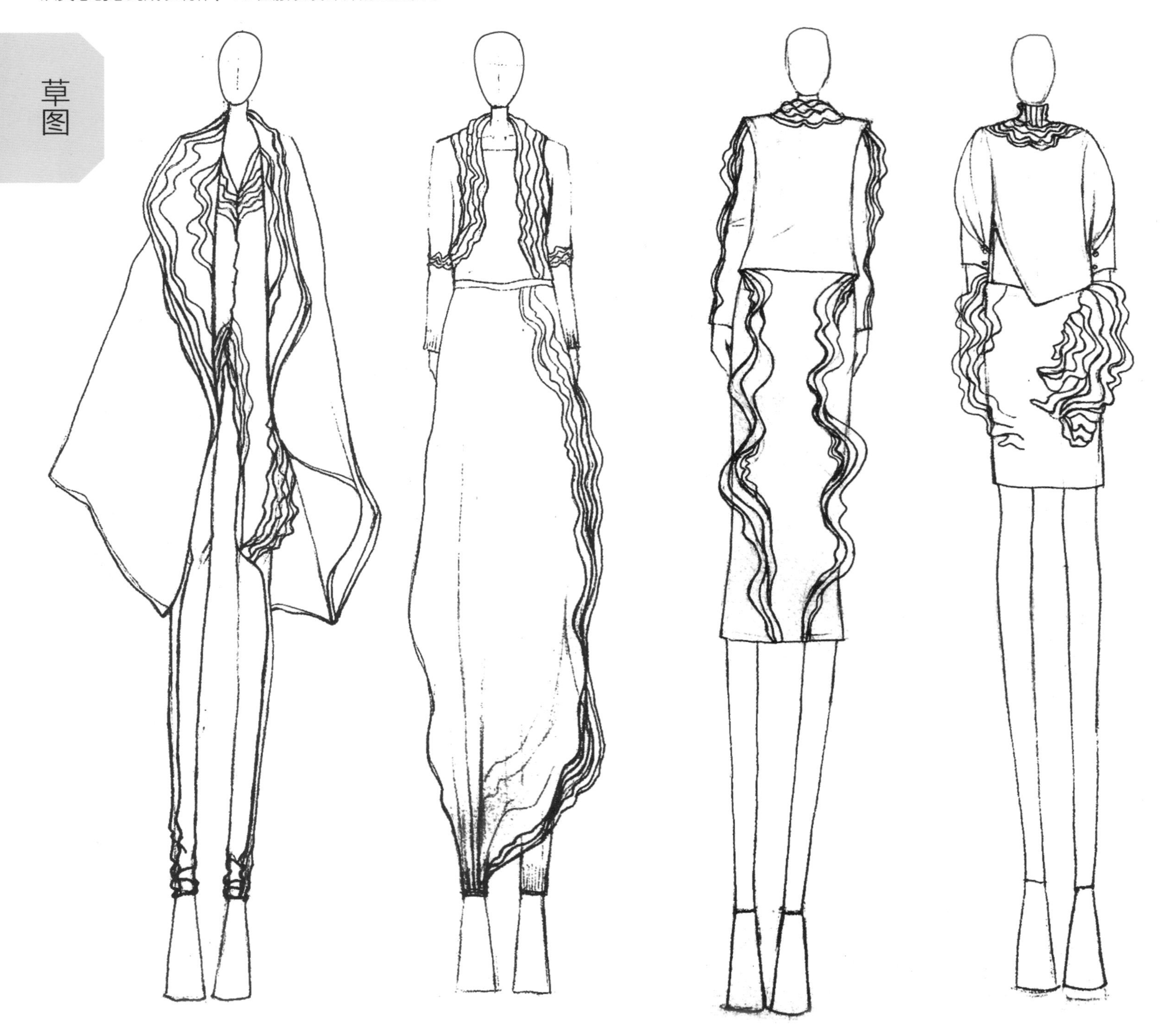

效果图

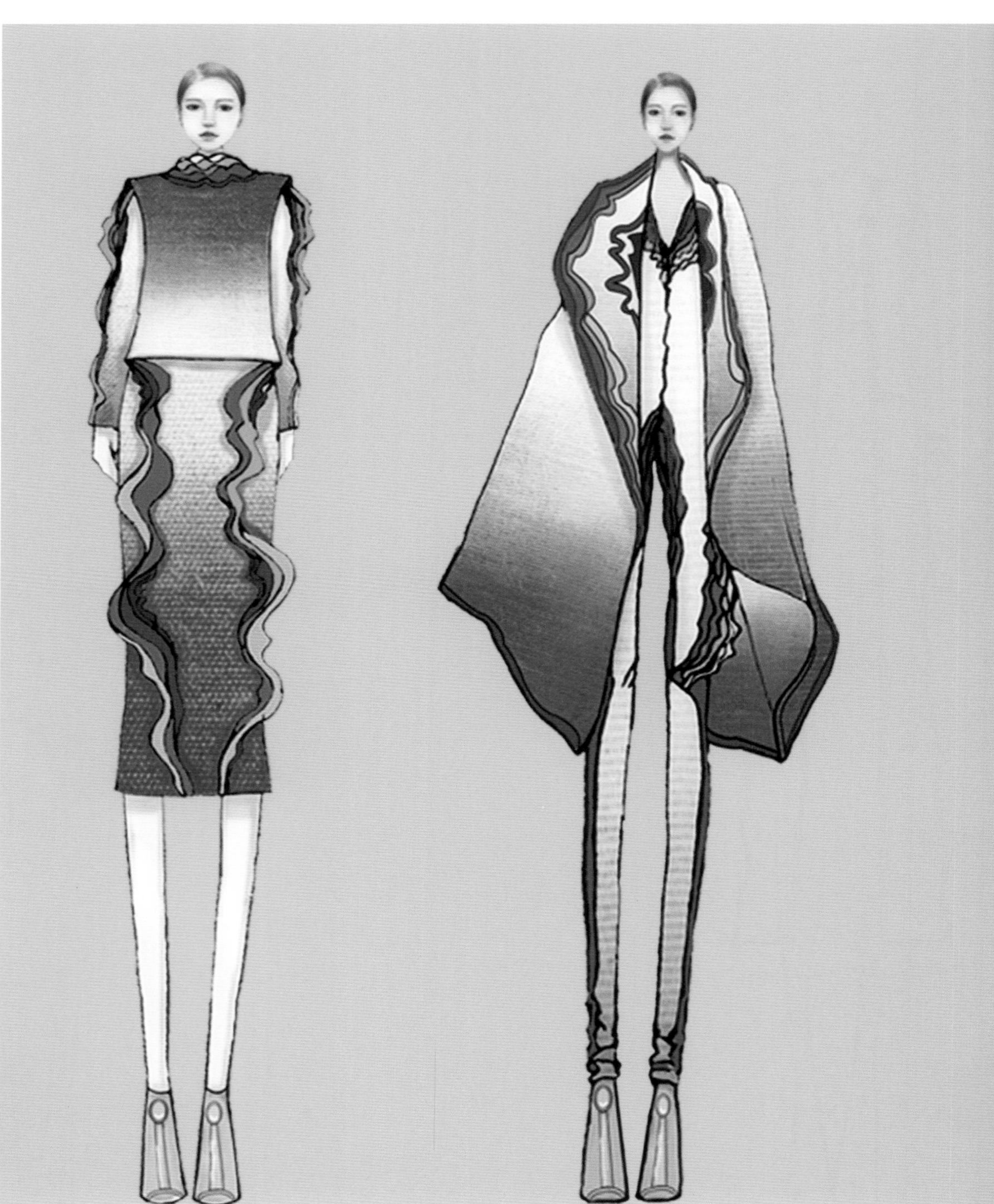

制作过程

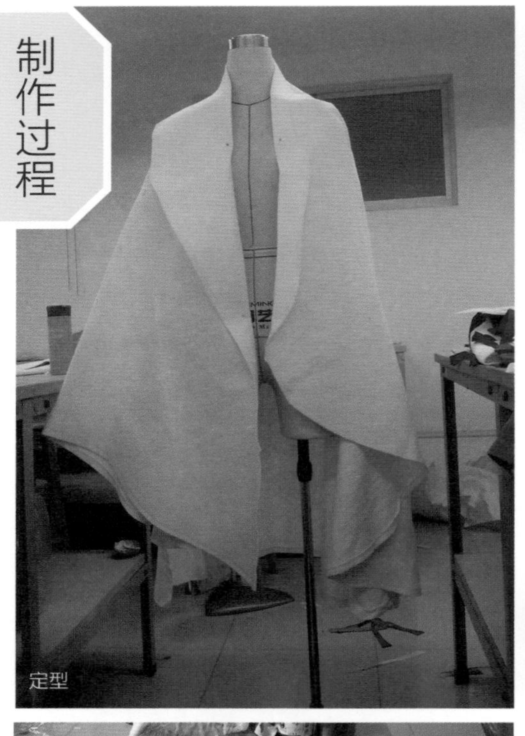
定型

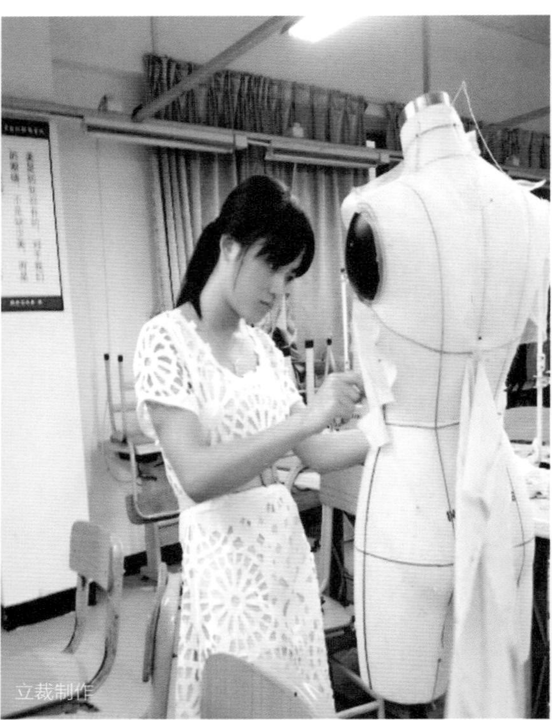
立裁制作

面料再造染色

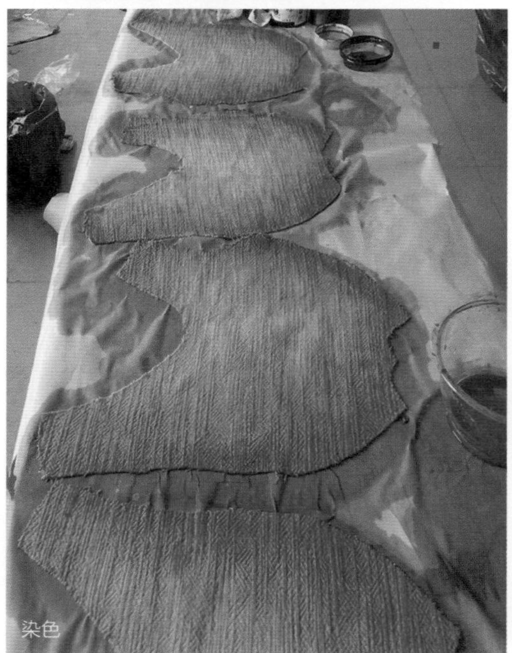
染色

裁剪设计细节

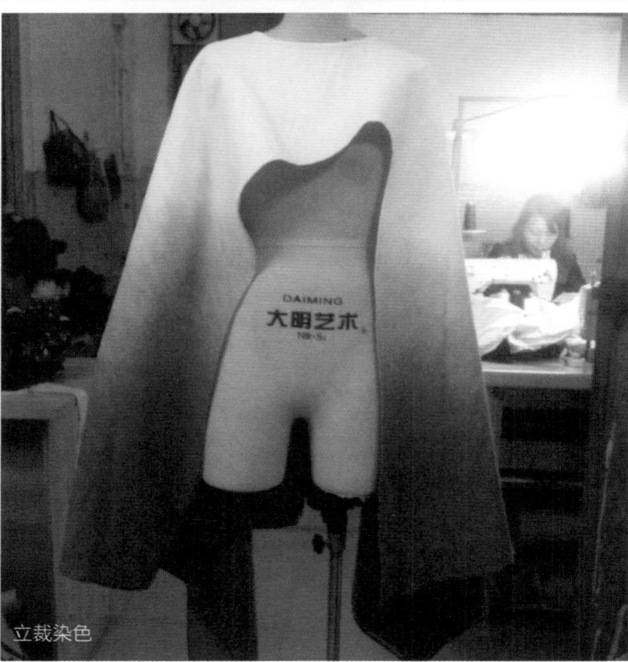

立裁染色

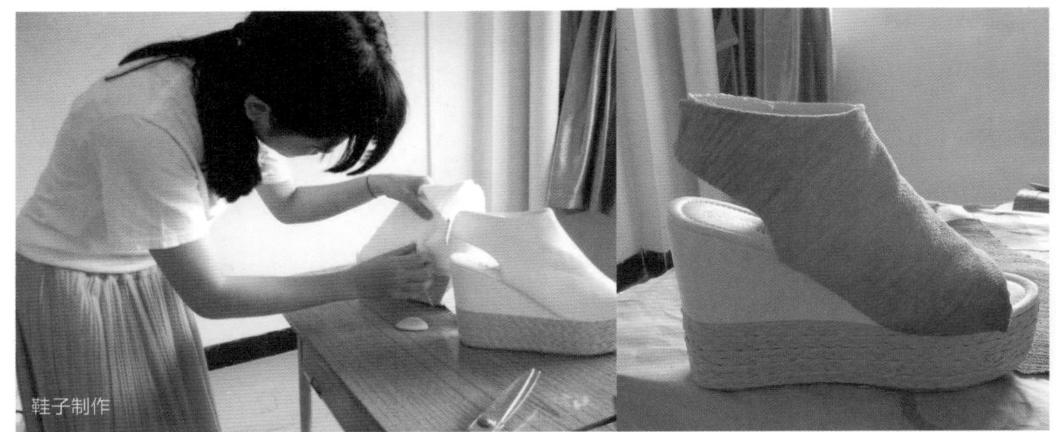
鞋子制作

缝制细节

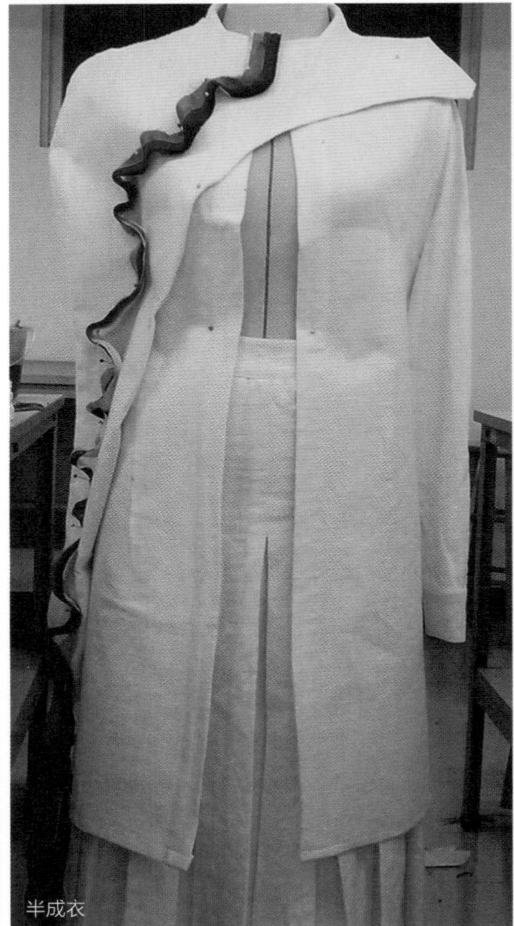
半成衣

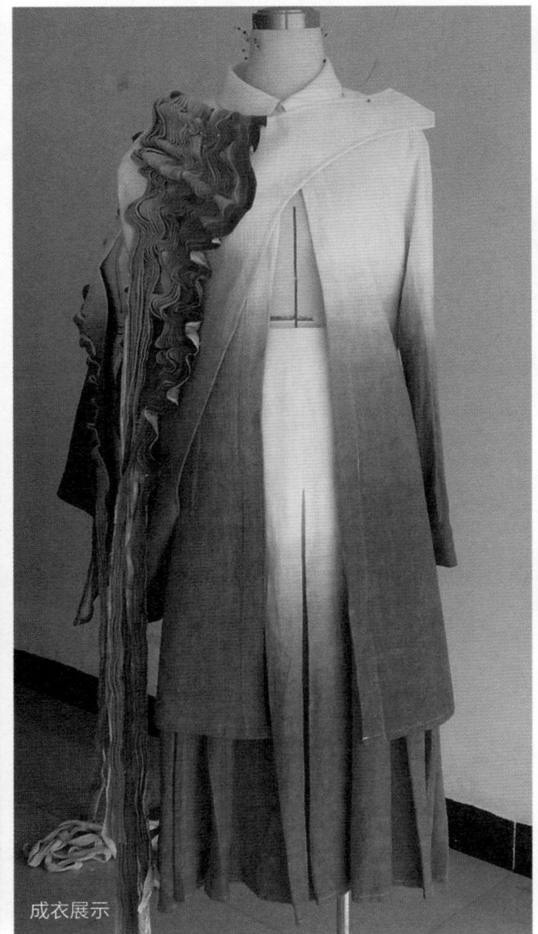
成衣展示

半成衣

成衣展示

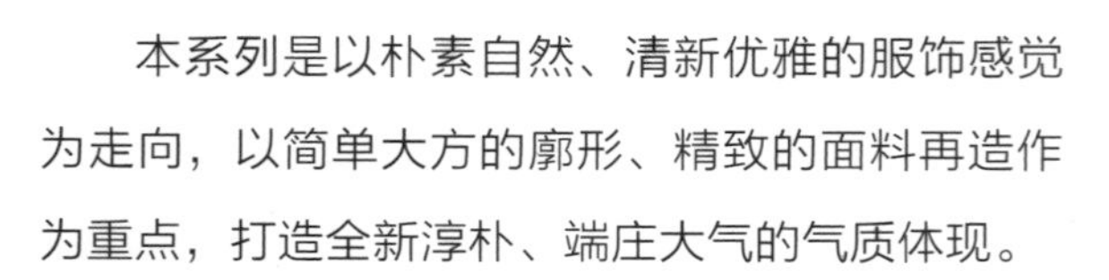

本系列是以朴素自然、清新优雅的服饰感觉为走向，以简单大方的廓形、精致的面料再造作为重点，打造全新淳朴、端庄大气的气质体现。

指导老师：石淑芹、温海英

叶玉荟，2014 年毕业于广州大学纺织服装学院服装设计专业。本作品入选中国时装设计新人奖，毕业后专注女装时装设计方向，先后就职于法国快时尚 SWEEWE 以及哥弟旗下的高端品牌 LIMIL。并且成立 HOUR STUDIO，在承接设计系列开发工作的同时开始与设计师品牌集合店、眨眼网合作推出自己的设计品牌 HUI，以各种场合的裙款为核心设计，简约曲线展现不失精致细节的自信优雅。

《Twisted Face》

灵感来源

本设计作品灵感来源于大自然中天然形成的各种肌理纹路，将面料再造成细碎的毛边来表达这种纹理，让面料、图案、肌理有效地结合从而达到设计的效果。

效果图

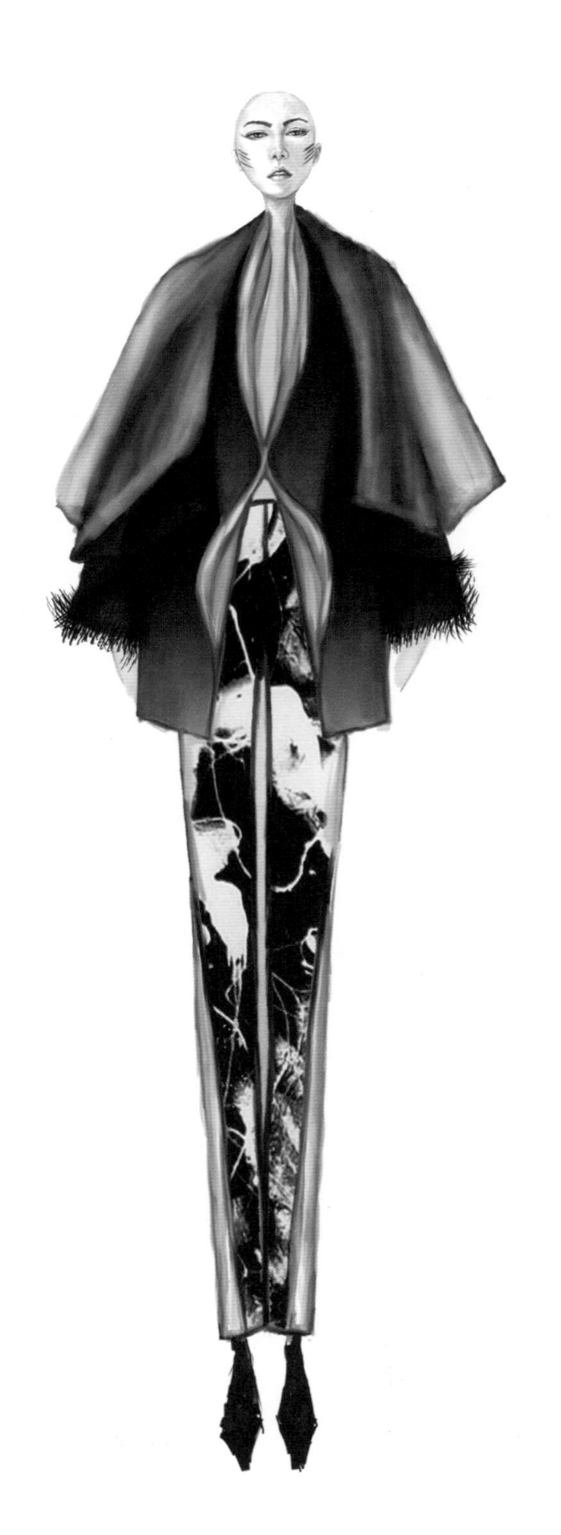

叶玉荟《Twisted Face》

款式图

不规则立领
破缝装拉链
腰背省
前片腰
线破缝
袖口放量
约 15cm
暗袋
暗扣
后中破缝
腰带收腰穿插
侧缝至后腰
暗扣调整
左侧门襟
展开图
窗帘式自然褶皱
破缝拼接
后衣片弧线形下摆
腰头内装橡皮筋
后裙片呈十字分割
宽约 4cm 的镂空
面料拼接
破缝拼接
下摆围放量约 30cm
立领
两层
拼接
为增加服装丰富性
再加一层薄纱袖子
虚线表示内部结构
在表面覆盖
两层透明纱
后领双屋
前后下摆放量
约各为 70cm

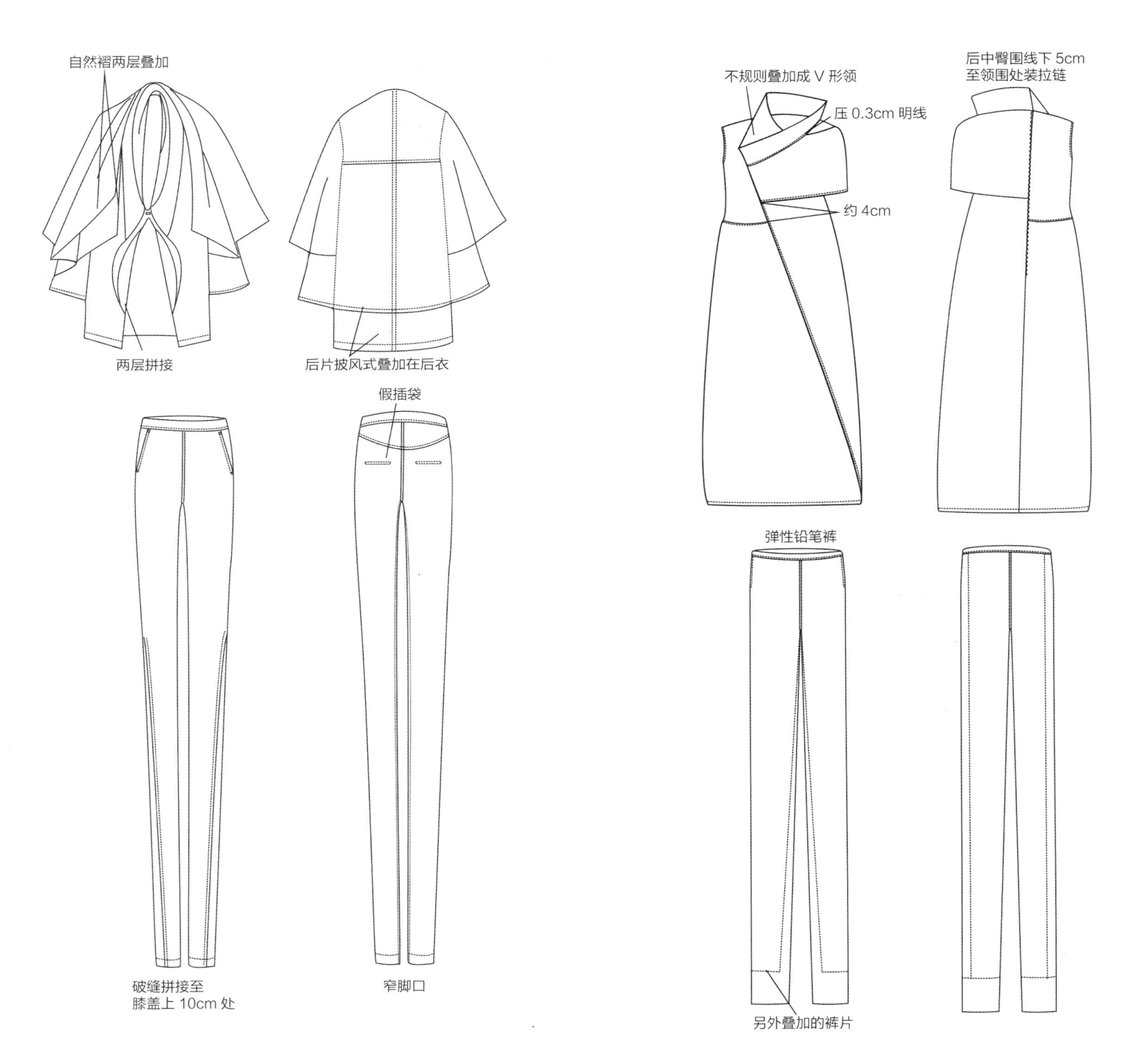
自然褶两层叠加
两层拼接
后片披风式叠加在后衣
假插袋
破缝拼接至
膝盖上 10cm 处
窄脚口
不规则叠加成 V 形领
压 0.3cm 明线
约 4cm
后中臀围线下 5cm
至领围处装拉链
弹性铅笔裤
另外叠加的裤片

制作过程

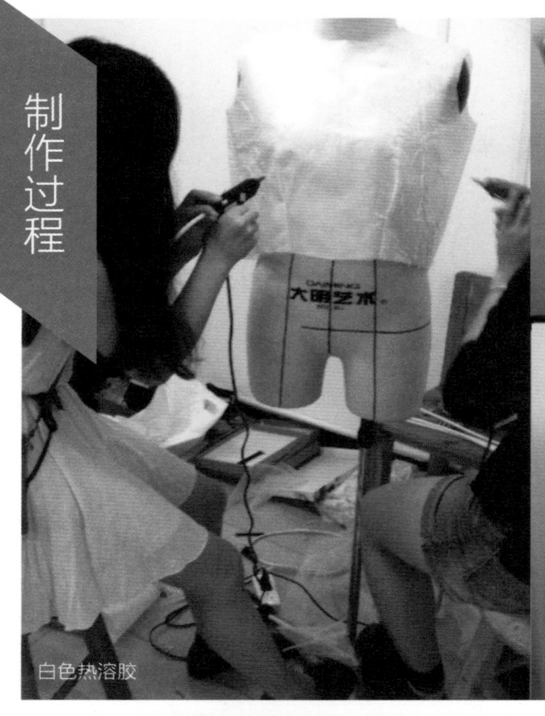
白色热溶胶

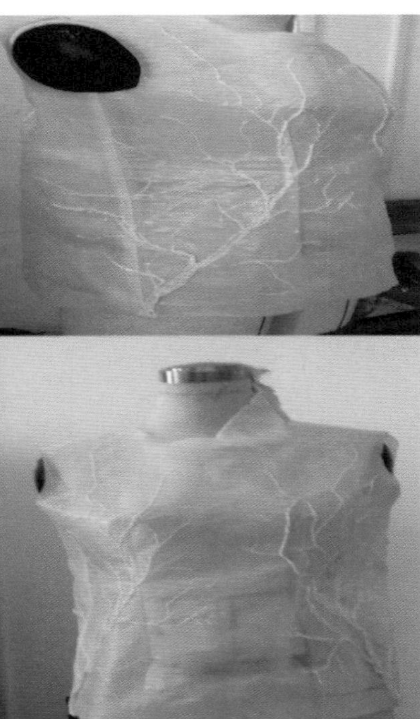

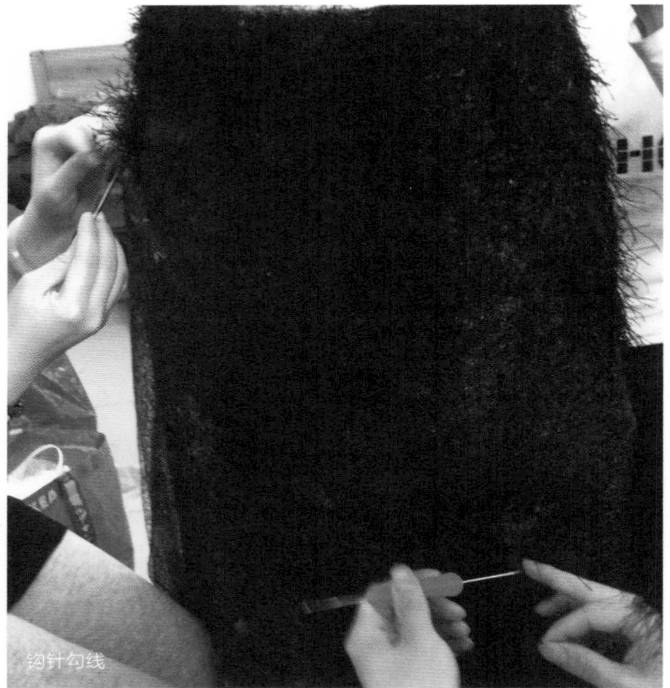
钩针勾线

细节制作

定版型

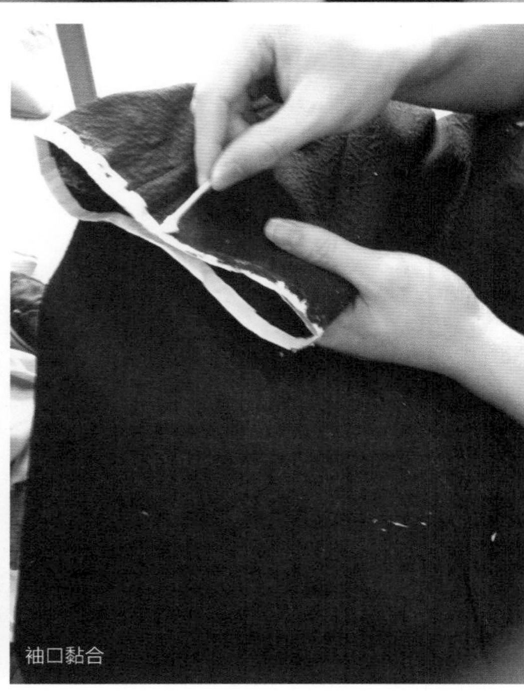
袖口黏合

网状蕾丝与面料的结合

印染图案

面料再造细节

半成衣

成衣展示

本系列采用钩针勾线，呈现裙子的毛毛感觉。白色热溶胶增加细节，将两层薄纱通过乳白胶合成塑料光感的面料。用纸跟双面胶衬烫在布上再用天那水去除纸的上层，只留最底下薄片的方法收毛边将网状蕾丝通过叠加跟破坏，再烫在布上以达到墨的形状，深浅、厚薄、渗透、融合的肌理效果。

指导老师：郭卉

《本·色》

谭晓薇，2013 年毕业于广州大学纺织服装学院服装设计专业。2012 荣获新塘国际牛仔服饰大赛最具创意奖，国际旅游小姐总决赛最具时代活力奖。2013 年荣获“九牧王杯”第十九届中国时装设计全国十佳新人奖。在校期间曾到内衣工作室实习，2013 年传媒担任兼职模特，从 2015 年开始在广州十三行拥有自己的品牌服装店。

灵感来源

在世界经济危机影响下，极简主义在当下流行，回归自然，回归本真。本设计灵感源于牛皮纸，采用了极简主义手法，简介中不乏细腻之处。

草图

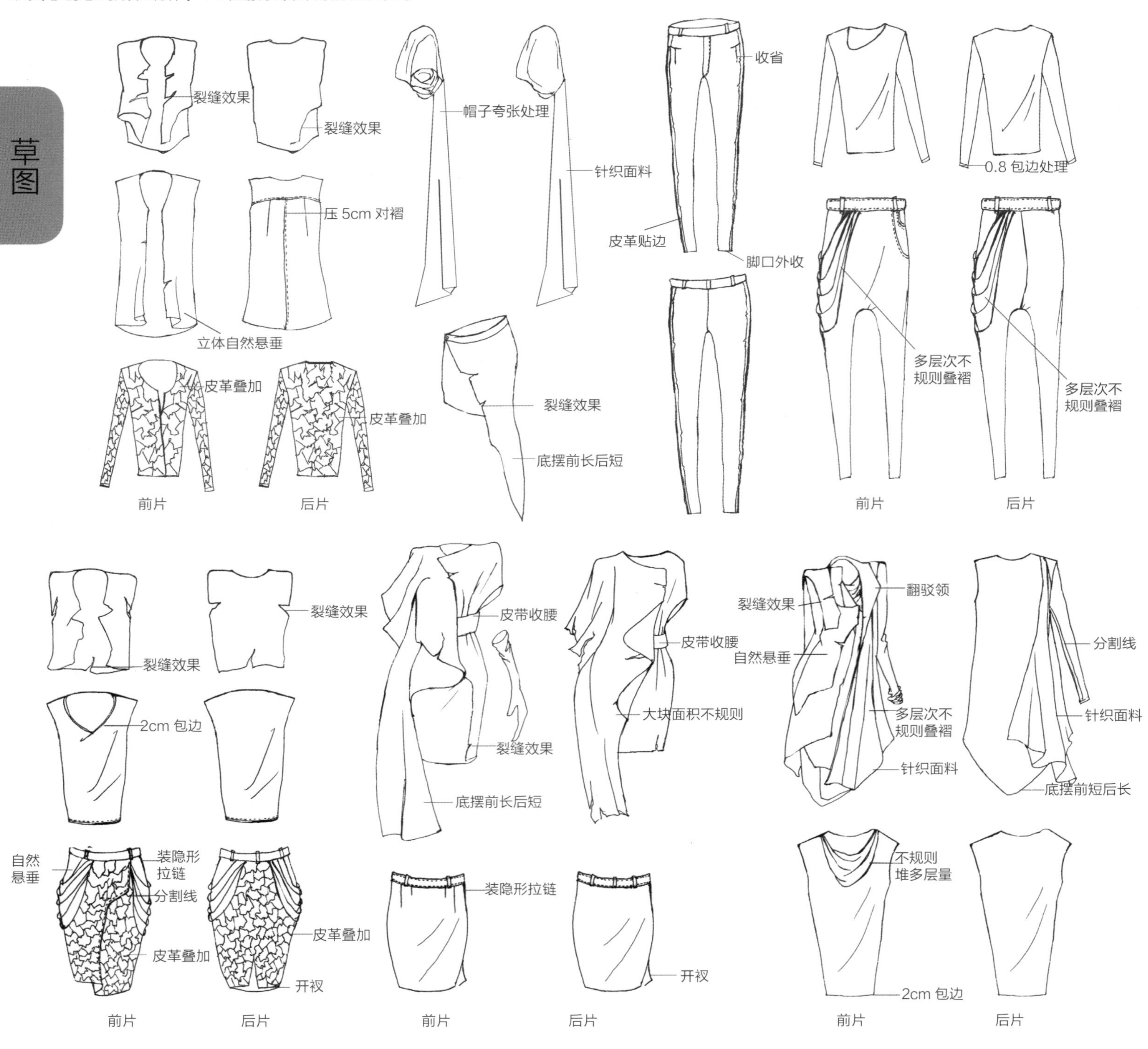

裂缝效果
裂缝效果
压 5cm 对褶
立体自然悬垂
皮革叠加
皮革叠加
前片
后片
帽子夸张处理
针织面料
裂缝效果
底摆前长后短
收省
皮革贴边
脚口外收
0.8 包边处理
多层次不规则叠褶
多层次不规则叠褶
前片
后片
裂缝效果
裂缝效果
2cm 包边
自然悬垂
装隐形拉链
分割线
皮革叠加
皮革叠加
开衩
前片
后片
皮带收腰
裂缝效果
底摆前长后短
皮带收腰
大块面积不规则
装隐形拉链
开衩
前片
后片
翻驳领
裂缝效果
自然悬垂
多层次不规则叠褶
针织面料
分割线
针织面料
底摆前短后长
不规则堆多层量
2cm 包边
前片
后片

效果图

制作过程

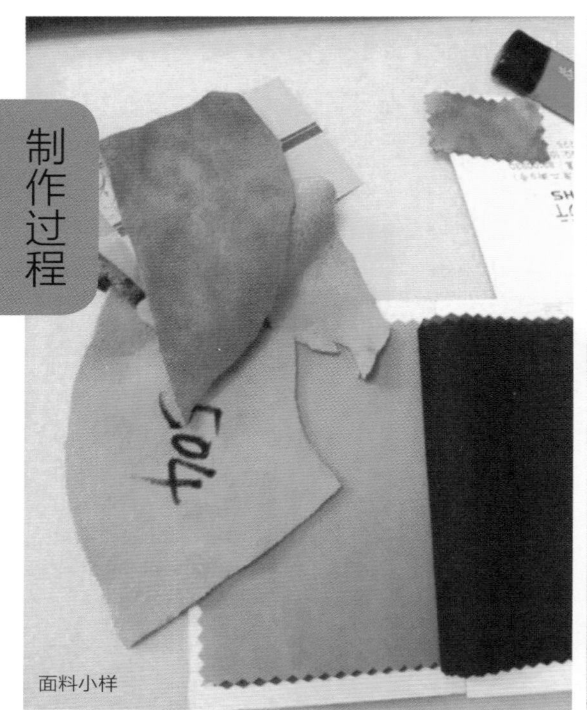

面料小样

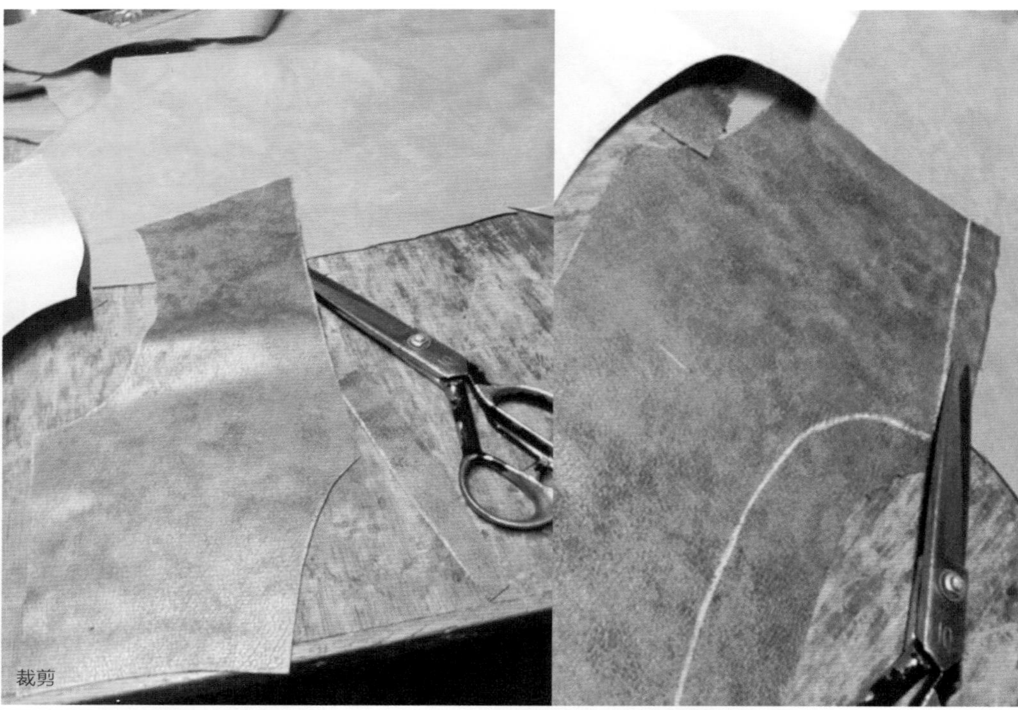

裁剪

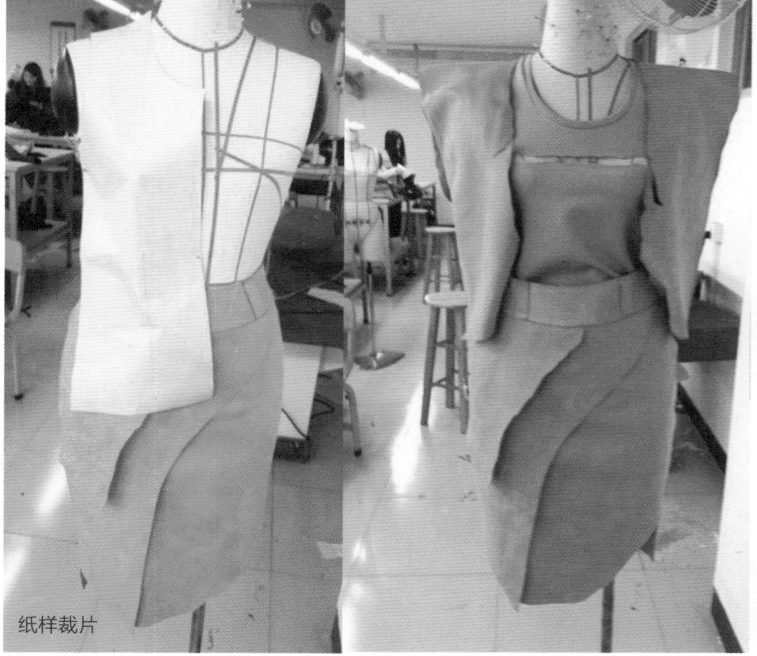

纸样裁片

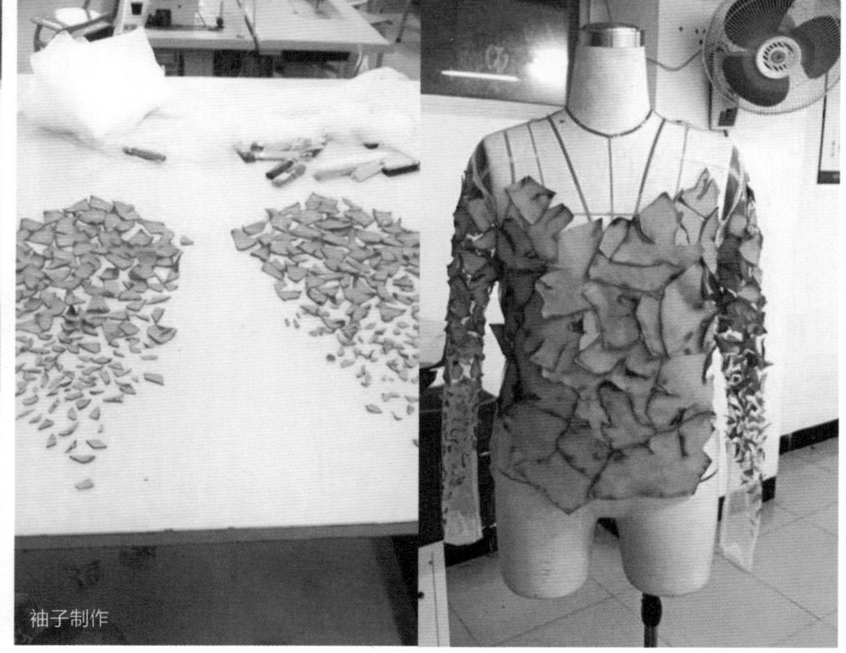

袖子制作

立裁

鞋子改造

成衣展示

本系列面料选用四面弹的料子，两块加上里衬再加机压，皮革的感觉就出来了。用火烧出痕迹，让服装变得层次丰富，再用喷漆喷出想要的效果。鞋子同样用四面弹包贴好后精心制作完成。

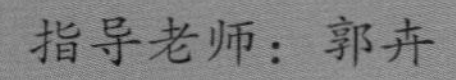

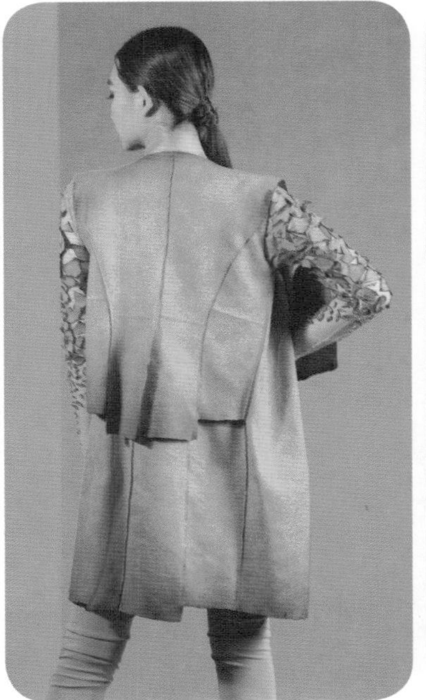

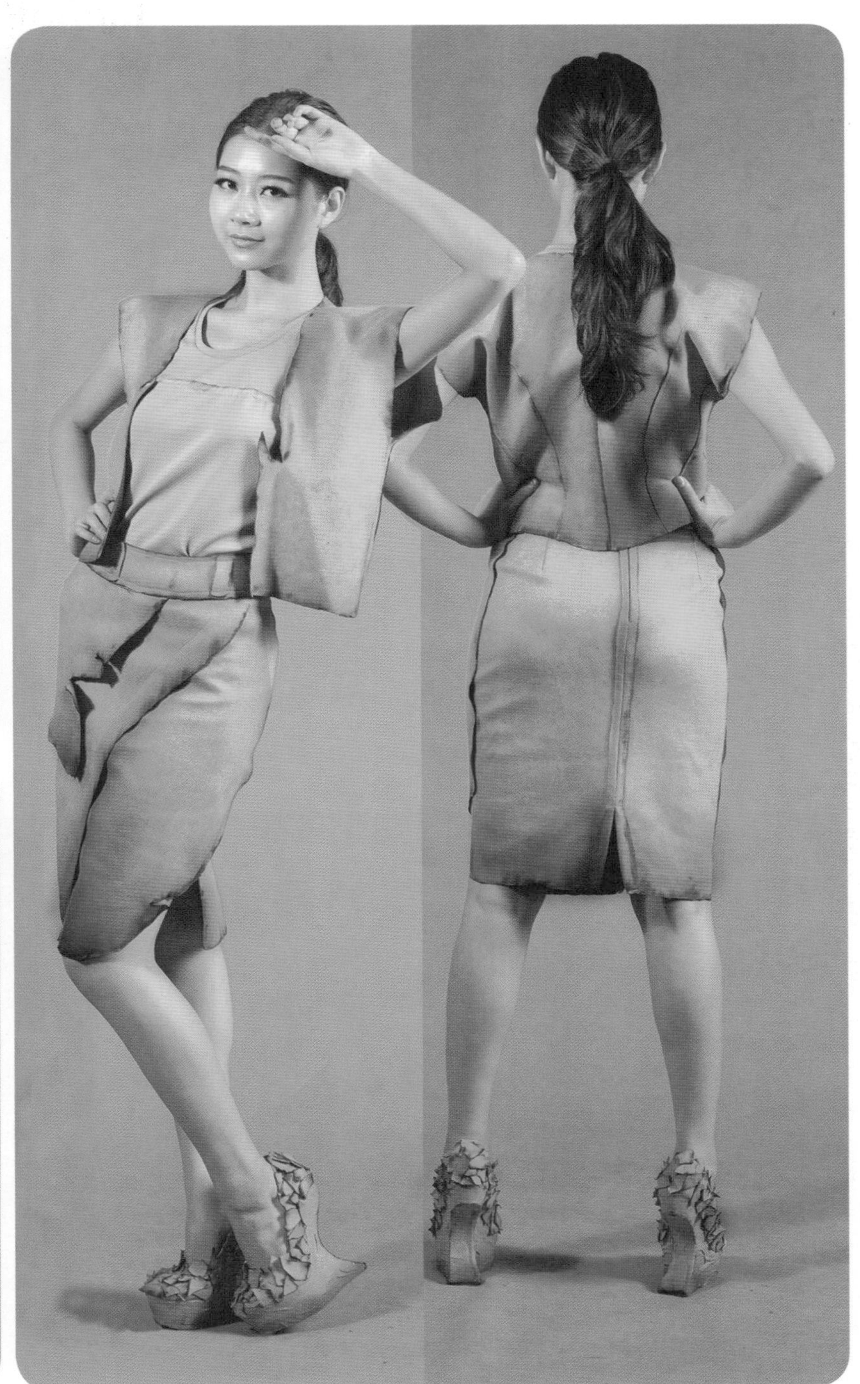

周冬梅，2016 年毕业于广州大学纺织服装学院服装设计专业，曾获第 21 届“九牧王杯”中国时装设计新人奖艺尚·中国时装设计希望之星前十。爱幻想、爱自由是她的标签，也是一位喜欢挑战、爱创业的朴素女孩。

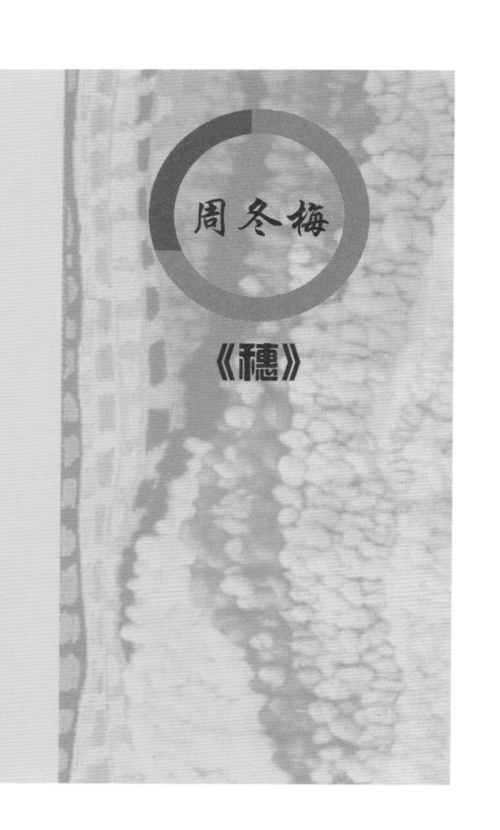

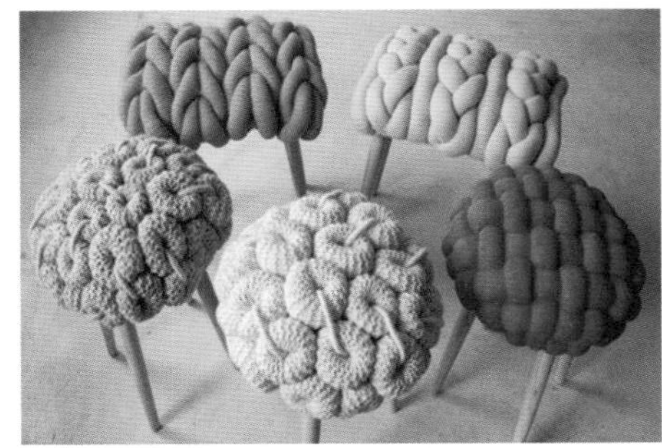

1. 材料上：不同粗大扁细圆滑的线条对比。
2. 形态上：粗细圆滑、柔硬大小之间对比。
3. 色彩上：深浅色之间 、互补色之间 、临近色之间等对比。
4. 表现方式上： 整齐和狂野、虚实对比、深浅粗细对比等方式表现。

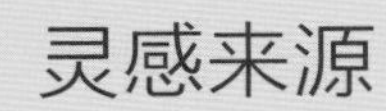

灵感来源

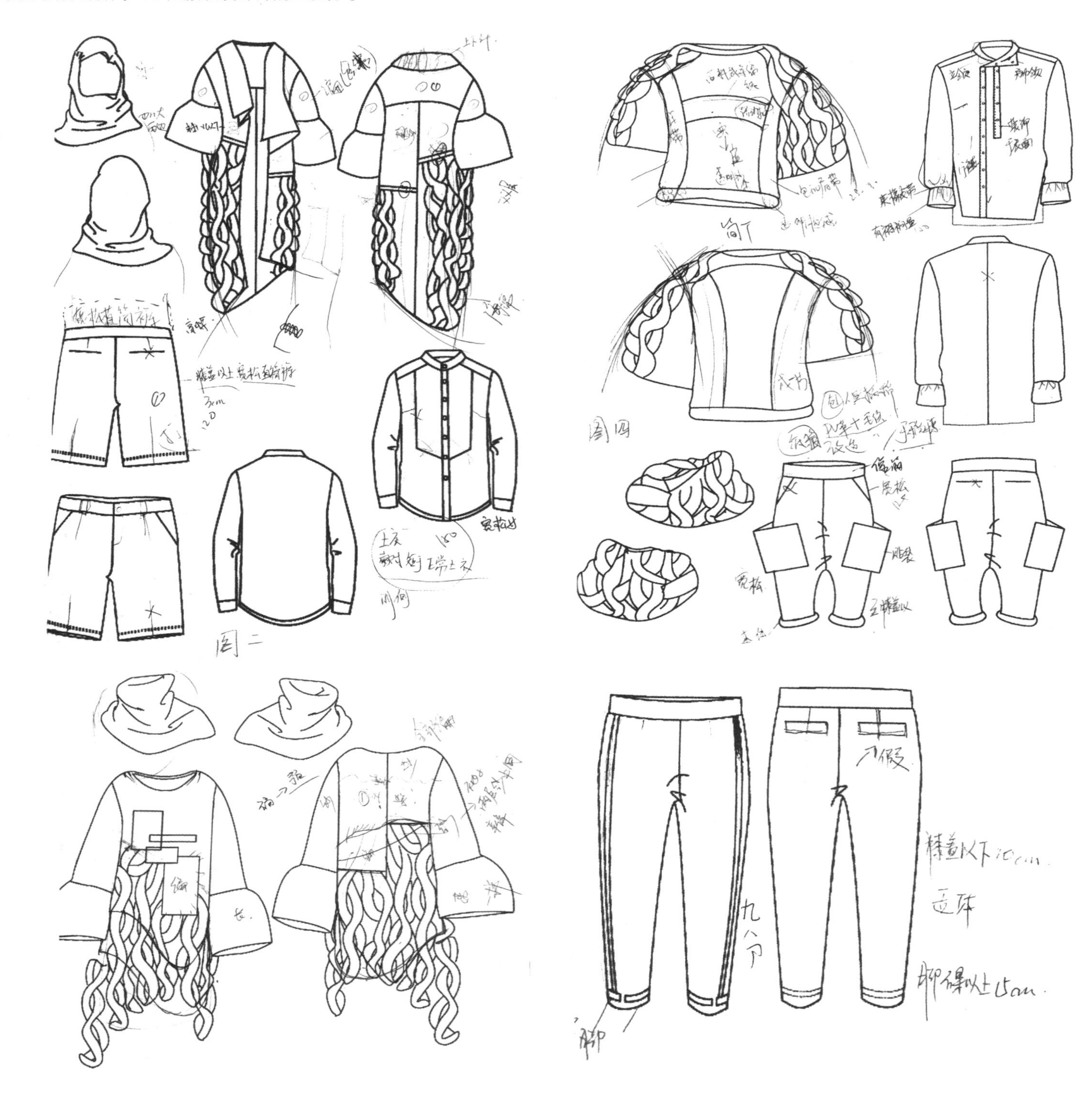
图二
图四
膝盖以下10cm
立体
脚踝以上15cm

手机:13602490080
的眼光看待学生
容的心态面对学生

制作过程

1. 将设计稿细化

首先在设计稿上区分每个裁片的色彩搭配、制作手法和工艺方式。需取其精华去其糟粕，然后用坯布实践款式的宽松、长短比例等细节。

2. 找不同材料实践

采用以稻穗的形态和针织编织法纸质取之共性，利用大小、软硬针织面料裁条以及细致、粗糙等不同质感的线类织物相结合，加上传统的手法，进行实践。

3. 款式内外、上下搭配修改

打好版后，用坯布实验，看款式整体的廓形内外上下比例搭配，取其精华去其糟粕，是否达到好的效果。

4. 面料比例

在每个面料色系的比例里，整体看每个区域的色彩比例搭配从而修改。

效果图

成衣展示

本设计取于自然禾穗，寓意着“饱满的稻穗，满谷收成”。在款式轮廓上以挺阔简约为主，色彩上则以自然色系为主，在再造上，利用大小、软硬针织面料裁条以及细致、粗糙等不同质感的线类与织物相结合。采用以稻穗的形态和针织编织法取之共性，利用最传统的工艺手法进行编织，创造新型面料。在这个快速发展的时代，希望设计作品能传达出一种积极向上、轻松愉悦、散发出自然魅力气息的生活态度。

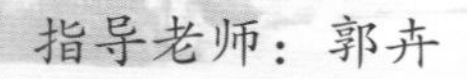

指导老师：郭卉

陈丹丹，2016 年毕业于广州大学纺织服装学院，作品《年》被评为 2016 年学院优秀毕业设计一等奖，入围 2016 年广东省大学生时装周和北京国际大学生时装周。

《年》

陈伟，2016 年毕业于广州大学纺织服装学院，兴趣广泛，在大学期间曾独自创建麦诺设计工坊，并为多家企业成功设计品牌标识和商业海报。

灵感来源

草图

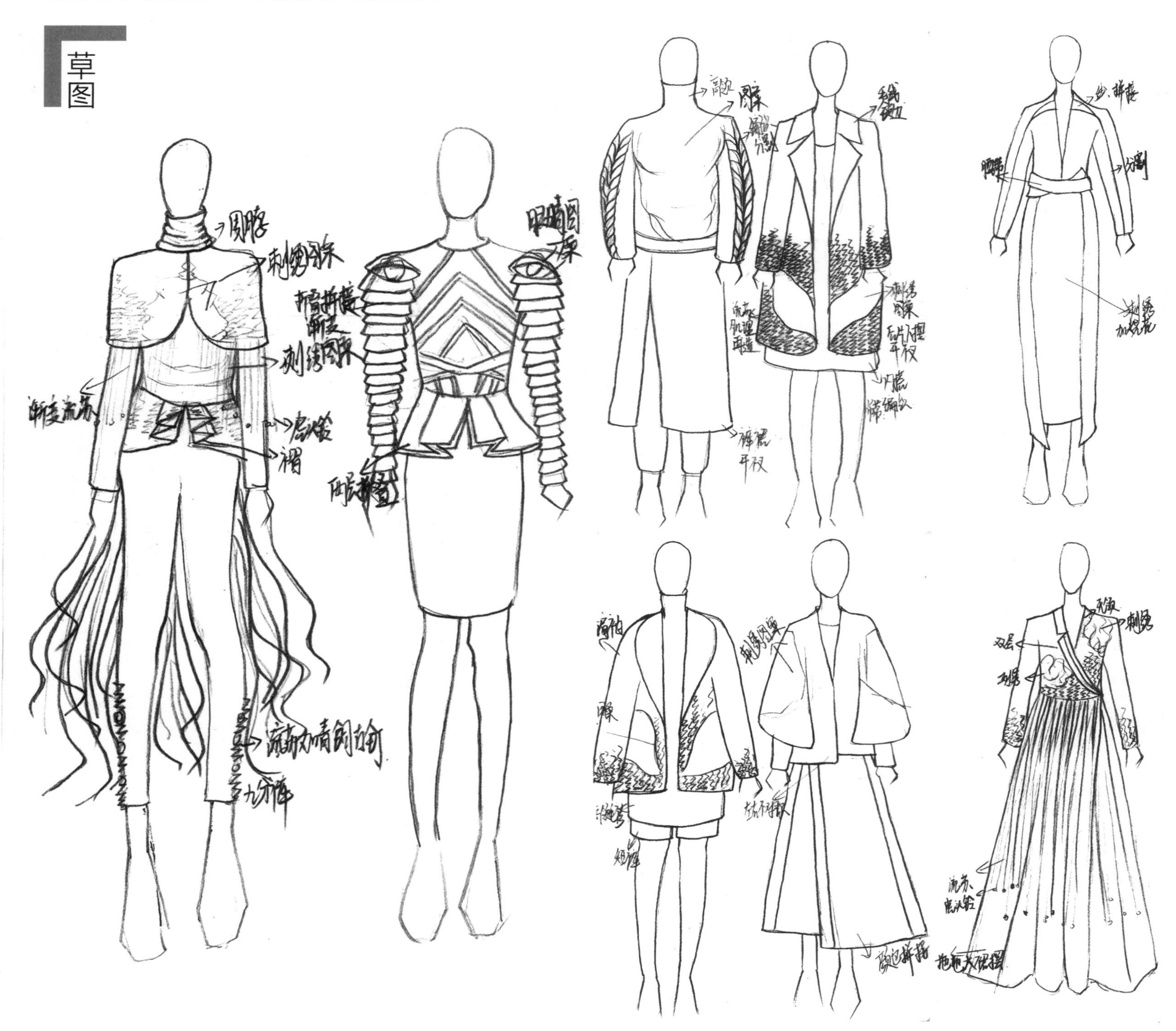

效果图

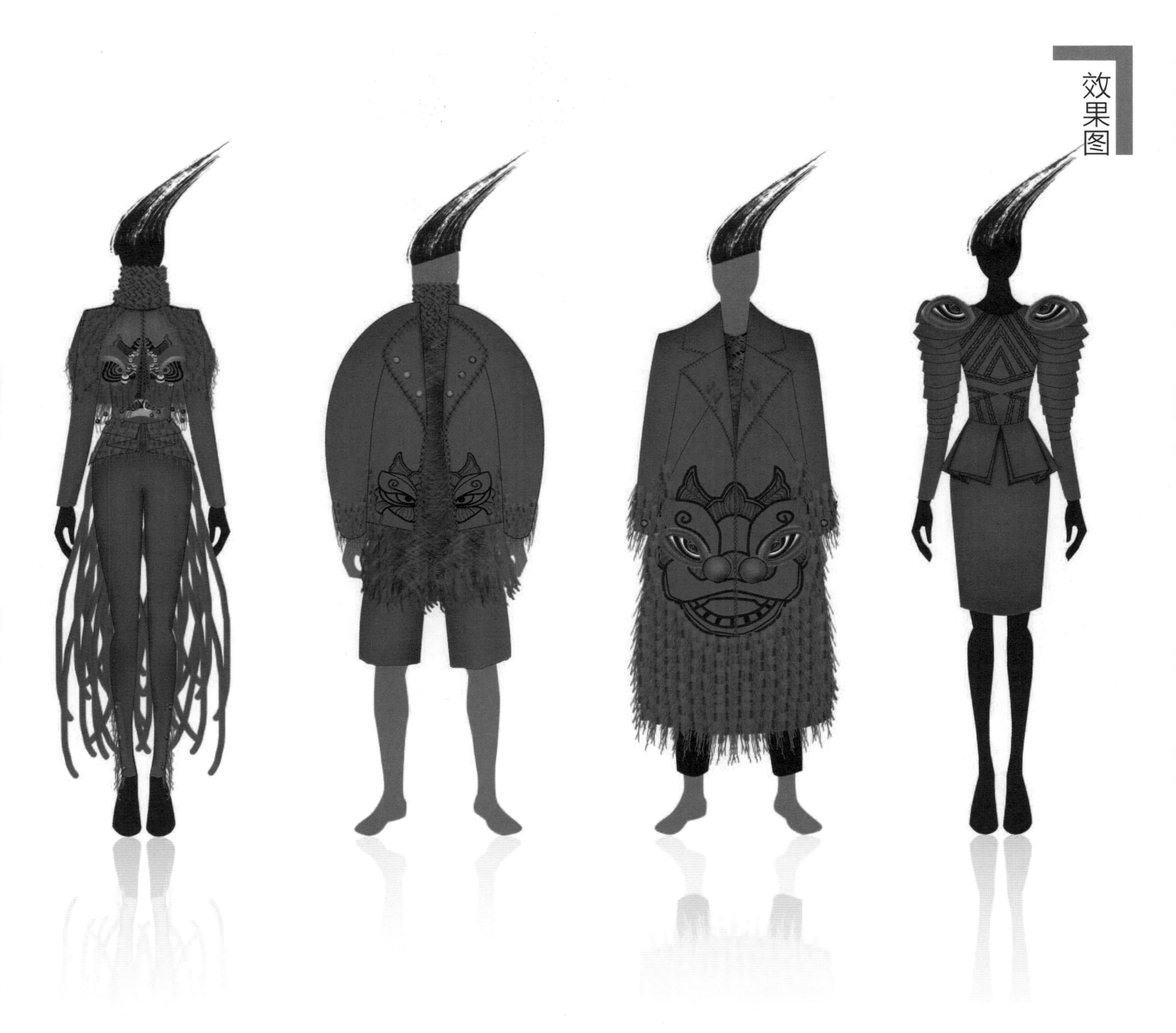

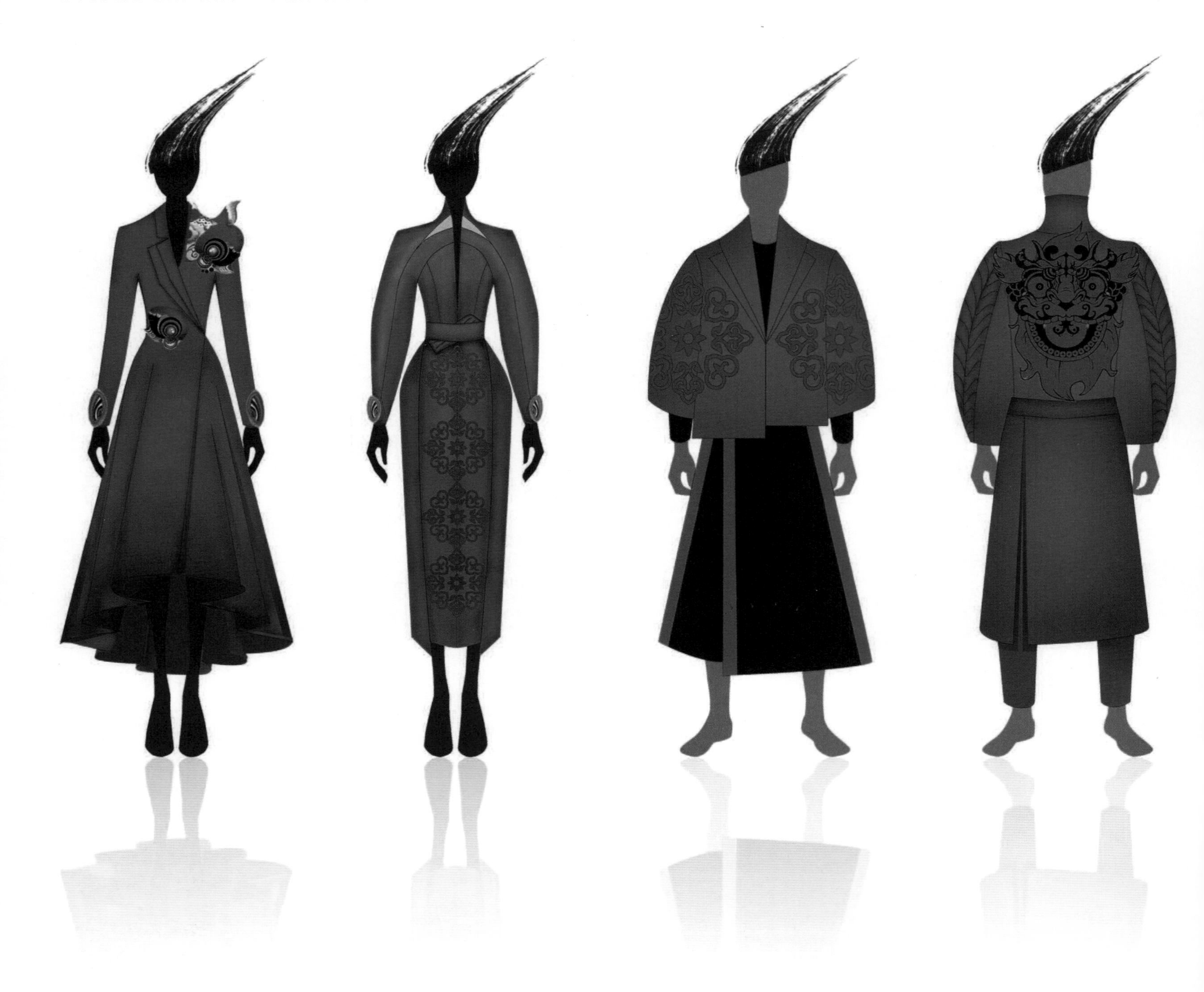

制作过程

面料展示

衣领锁边

机绣图案

毛线编织前片

毛线编织前片

手缝外套半成品

手缝外套半成品

衣领锁边

手缝披肩

手缝外套半成品

长款男装成品图

男装内搭成品图

机绣图案

成衣展示

本系列以传统文化中的醒狮为灵感来源，运用现代时尚款式与醒狮的寓意和象征，使这一系列的服装散发着浓厚的传统气息，让作品在不失传统的情况下尽显时代性和艺术性。在色彩上以给人无限激情、活力的红色为主色调，黑色为辅色调，用黑色把红色的热烈凸显出来，给人一种张扬、积极、高贵优雅的感觉。

指导老师：郭卉、温海英

郑美凤，2016 年毕业于广州大学纺织服装学院服装设计专业，现任广州靡绮服饰有限公司设计助理。在校期间曾参加金山杯服装设计大赛，寒暑假都在东莞中小型制衣厂实习。始终以高度的热情、负责的态度去设计每个作品，及时的、保质量地去完成并且享受这个过程，设计作品入选 2016 年广东省大学生时装周汇演。

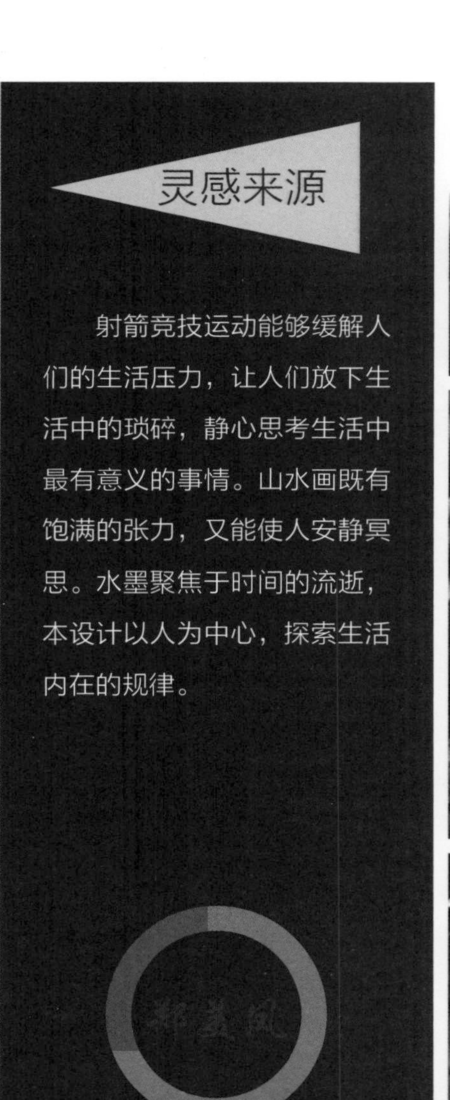

灵感来源

射箭竞技运动能够缓解人们的生活压力，让人们放下生活中的琐碎，静心思考生活中最有意义的事情。山水画既有饱满的张力，又能使人安静冥思。水墨聚焦于时间的流逝，本设计以人为中心，探索生活内在的规律。

草图

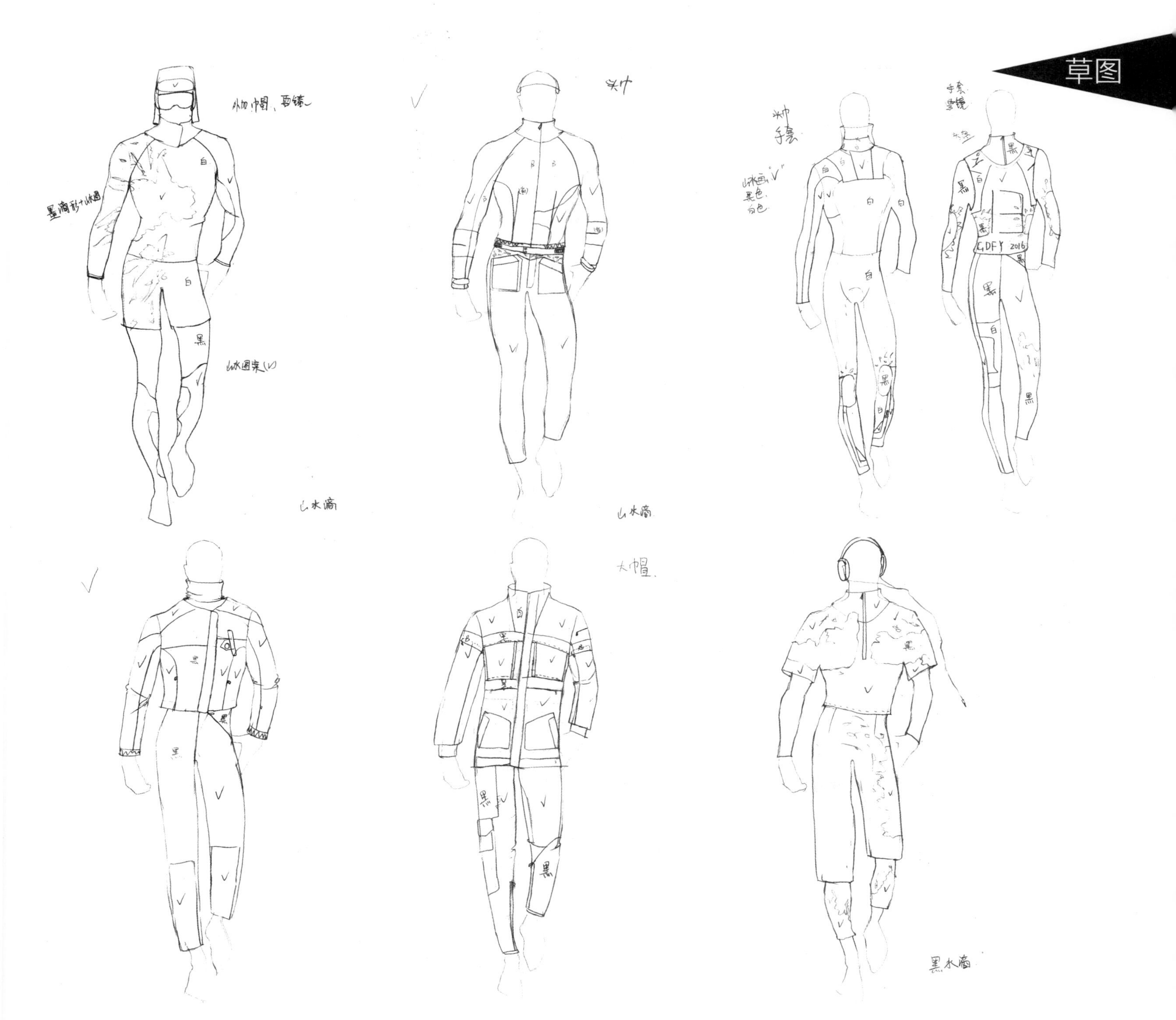

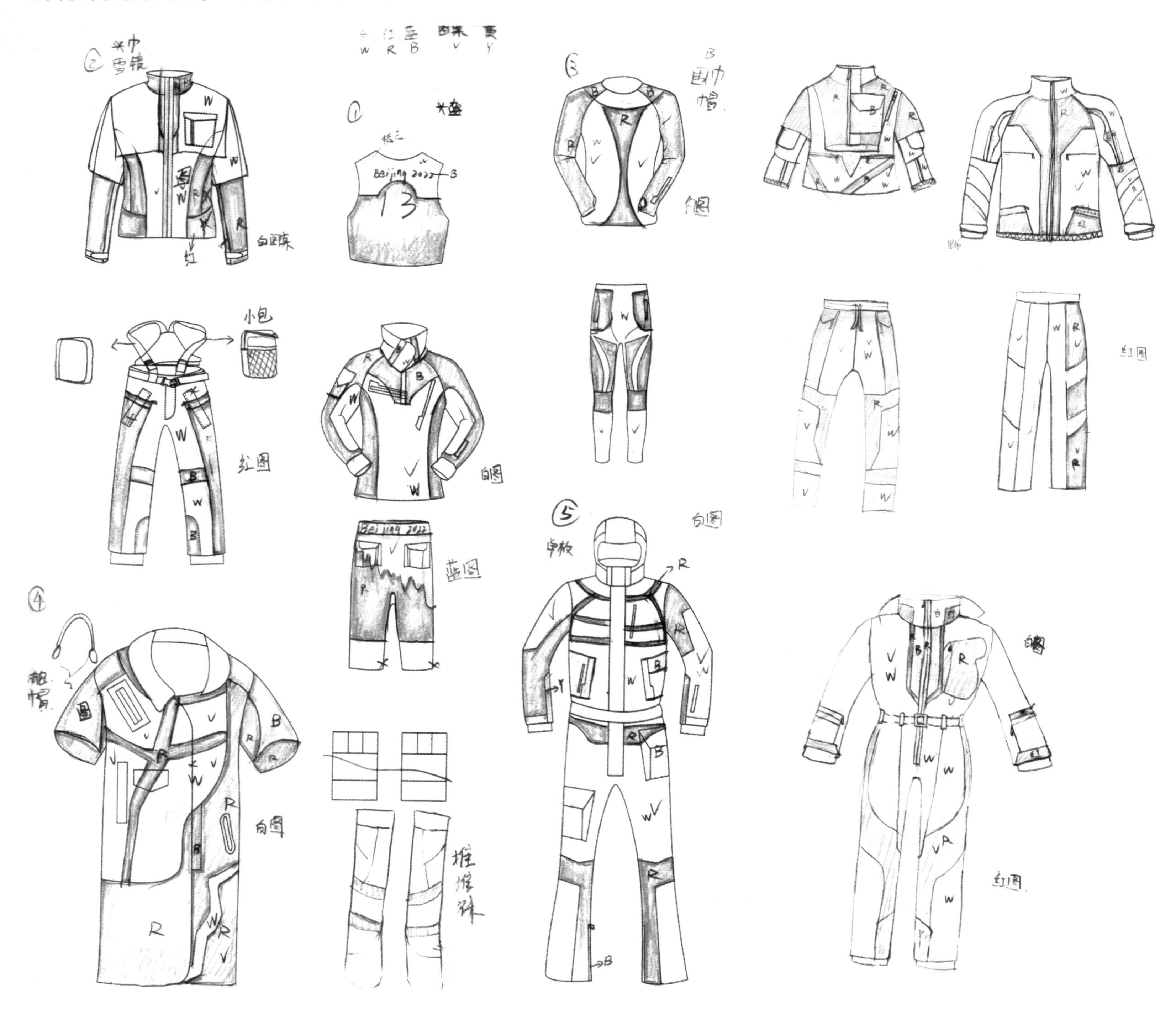
小包
红圈
白圈
蓝圈
Beijing 2022
13

效果图

制作过程

从草稿到成衣直至拍片制成画册期间，反复修改并寻找可行的方案。在图案设计方面，把中国山水画与水墨元素相加处理；再画好款式图，把设计好的图案黏贴入款式图指定位置；制作方面，选择合适的面料，利用数码印花技术进行印花；后期用白色与黑色乳胶根据水墨晕染和山水图案的走势绘制，使图案变得立体。

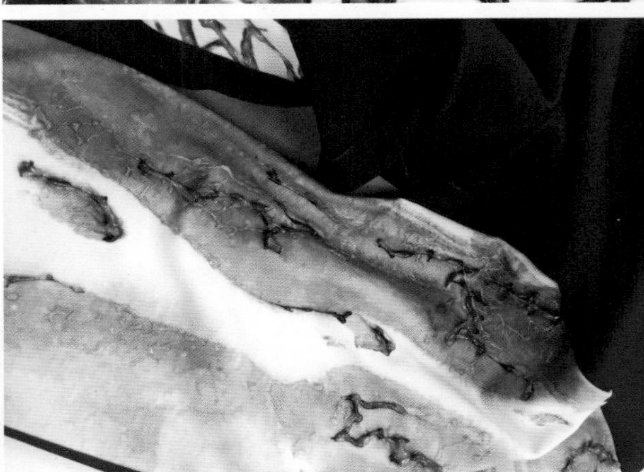

本系列主题是射箭竞技运动系列服装，采用水墨山水画为主要元素，利用数码印花加手工面料再造的手法来使得面料变为立体化。在廓形上，采用经典款式，简洁又时尚。本设计倡导我们不要一味地激进前进，而是后退一步深呼吸思考当下生活中有意义的事。

指导老师：吴训信、陈璐

服装设计毕业作品展演